Robot Framework
自动化测试精解

刘云◎编著

人民邮电出版社

北京

图书在版编目（CIP）数据

Robot Framework自动化测试精解 / 刘云编著. -- 北京：人民邮电出版社，2020.12
ISBN 978-7-115-54648-7

Ⅰ．①R… Ⅱ．①刘… Ⅲ．①软件工具－自动检测 Ⅳ．①TP311.561

中国版本图书馆CIP数据核字(2020)第148744号

内 容 提 要

本书共 10 章，主要内容包括自动化测试概述，Robot Framework 自动化测试框架，Robot Framework 测试数据，执行 Robot Framework 测试用例，Robot Framework 自带的测试库，常见的被测系统，如何利用 Jenkins 和 Robot Framework 来执行测试用例，如何从零开始编写自动化测试用例，如何使用 Robot Framework 的高级功能，如何写一个好的 Robot Framework 测试用例等。

本书适合测试人员阅读，也可供相关专业人士参考。

◆ 编　著　刘　云
　　责任编辑　谢晓芳
　　责任印制　王　郁　焦志炜

◆ 人民邮电出版社出版发行　北京市丰台区成寿寺路 11 号
　邮编　100164　电子邮件　315@ptpress.com.cn
　网址　https://www.ptpress.com.cn
　山东百润本色印刷有限公司印刷

◆ 开本：800×1000 1/16
　印张：13.5
　字数：239千字　　2020年12月第 1 版
　印数：1－1 500 册　2020年12月山东第 1 次印刷

定价：59.00 元

读者服务热线：(010)81055410　印装质量热线：(010)81055316
反盗版热线：(010)81055315
广告经营许可证：京东市监广登字 20170147 号

前　　言

　　由于软件设计缺陷会导致损失，因此软件测试（尤其是自动化测试）变得越来越重要，为了提高测试的效率，减少在软件测试上花费的巨大人力和物力，各种自动化测试工具如雨后春笋般全面涌现。本书将介绍一种可以集成当今主流测试工具的自动化测试平台——由诺基亚开发并开源的 Robot Framework 自动化测试框架。

　　诺基亚在人们的印象中是不是已经浅淡了？其实这很正常，自从手机业务失利以来，诺基亚就慢慢淡出了公众视线。但是它一直都在默默地努力，专心耕耘电信设备市场，为全球移动运营商提供设备和服务。目前，诺基亚是全球领先的电信设备商。作者硕士毕业后即进入上海诺基亚贝尔股份有限公司成都分公司，至今已工作十余年了。公司最初的软件系统使用大量的人工测试来验证，执行效率极其低下。2005 年，有一个团队开始研究自动化测试，不久第 1 版的 Robot Framework 问世，同年发布了第 2 版并分享给开源社区。之后两年 Robot Framework 迅速发展，各种测试库大量涌现，关键字驱动的方式受到测试人员的一致喜爱，并迅速推广至全公司。上海诺基亚贝尔股份有限公司成都分公司从那时起开始将成千上万个人工测试的用例逐步编写成基于 Robot Framework 的自动化测试用例，测试反馈周期从最初的一周左右逐渐缩短到一天。之后引入了持续集成，从代码提交到几百个测试用例运行完毕已经缩短到半小时以内，极大地提高了工作效率。

　　Robot Framework 目前在国外各大软件厂商中得到了广泛应用，但是在国内，知道和使用它的人并不是很多，这可能与国内一些企业不太重视端到端的测试有关。现在国内的一些公司（诸如阿里巴巴、腾讯等）非常重视软件测试。由于软件系统独特的创造性，没有任何一个软件设计者敢保证自己写的软件没有 bug。一个软件如果没有经过专业测试人员系统的测试，其质量和用户体验可能存在很大的问题。一些重大的 bug 会给公司造成巨大损失。各大软件公司如果采用本书介绍的 Robot Framework 框架部署自动化测试，可以有效地提高工作效率，减少在软件测试上投入的人力和物力。各中小型软件公司可以通过 Robot Framework 自动化测试框架来优化软件的质量和用户体验。

读者对象

不管是测试新手还是高级测试人员，不管是个人还是企业，通过阅读本书都将会对 Robot Framework 自动化测试框架有清晰的认识。在此基础上，你可以从容决定是否部署 Robot Framework 自动化测试框架来提高生产效率和软件质量。

本书适合有一定 Python 基础、有志投身于软件测试事业但是不了解测试的专业人士阅读。即使你没有任何自动化测试经验、没有太多的程序设计经验，通过阅读本书，你也能轻松地遨游于浩瀚的自动化测试海洋。

如果你有很强的测试开发能力或产品需求分析能力，花费较少时间就能开发出一个强大的测试工具或测试库来满足新的测试需求，通过阅读本书，你可以使用 Robot Framework 自动化测试框架实现很多功能。

另外，所有想要部署自动化测试框架来提高生产效率和软件质量的企业都可以使用本书作为自动化测试人员的培训教材。尤其对于那些使用敏捷开发模式、测试驱动开发的企业，Robot Framework 也许是较理想的选择。

本书内容

本书循序渐进地讲述了 Robot Framework 自动化测试框架的知识要点，从自动化测试发展史、Robot Framework 自动化测试框架的原理、Robot Framework 的安装方式、Robot Framework 的数据结构，到如何编写 Robot Framework 测试用例、如何测试常见的被测系统、如何提高测试执行效率、如何创建自己独有的测试库等。本书采用了大量的示例来深入浅出地讲解 Robot Framework 自动化测试用例的编写。不管你是自动化测试新手，还是有多年丰富自动化测试经验的高级测试工程师，通过对本书的学习，你都将深入了解 Robot Framework 的精妙之处。

Robot Framework 采用一种基于表格的关键字驱动的测试用例编写方式，丰富的关键字使得即使没有任何程序设计经验的测试人员也能快速上手，通过短时间的学习和练习，就能写出"优雅"的测试用例。这节省了大量的测试工具培训时间，从而使测试人员能将更多的精力投入业务流程的研究和测试用例的设计。

Robot Framework 是一个自动化测试框架,本身并不负责提供与被测系统交互的测试工具,而是集成了第三方自动化测试工具,然后提供了统一的开发接口、测试数据、测试报告、测试日志等。市场上流行的各种第三方自动化测试工具(例如,用于网页测试的 Selenium、用于移动端测试的 Appium、用于和 Linux 服务器端系统通信的 SSH Library 等)几乎都有 Robot Framework 的关键字接口。本书的重点不在于讲述各种第三方自动化测试工具,而是讲述如何用 Robot Framework 集成的第三方自动化测试工具来编写测试用例,所以对各种第三方自动化测试工具没有过多地探讨。

服务与支持

本书由异步社区出品，社区（https://www.epubit.com/）为您提供相关资源和后续服务。

提交勘误

作者和编辑尽最大努力来确保书中内容的准确性，但难免会存在疏漏。欢迎您将发现的问题反馈给我们，帮助我们提升图书的质量。

当您发现错误时，请登录异步社区，按书名搜索，进入本书页面，单击"提交勘误"，输入勘误信息，单击"提交"按钮即可，如下图所示。本书的作者和编辑会对您提交的勘误进行审核，确认并接受后，您将获赠异步社区的100积分。积分可用于在异步社区兑换优惠券、样书或奖品。

扫码关注本书

扫描下方二维码，您将会在异步社区微信服务号中看到本书信息及相关的服务提示。

与我们联系

我们的联系邮箱是 contact@epubit.com.cn。

如果您对本书有任何疑问或建议,请您发邮件给我们,并请在邮件标题中注明本书书名,以便我们更高效地做出反馈。

如果您有兴趣出版图书、录制教学视频,或者参与图书翻译、技术审校等工作,可以发邮件给我们;有意出版图书的作者也可以到异步社区在线投稿(直接访问 www.epubit.com/contribute 即可)。

如果您所在的学校、培训机构或企业想批量购买本书或异步社区出版的其他图书,也可以发邮件给我们。

如果您在网上发现有针对异步社区出品图书的各种形式的盗版行为,包括对图书全部或部分内容的非授权传播,请您将怀疑有侵权行为的链接通过邮件发送给我们。您的这一举动是对作者权益的保护,也是我们持续为您提供有价值的内容的动力之源。

关于异步社区和异步图书

"异步社区"是人民邮电出版社旗下 IT 专业图书社区,致力于出版精品 IT 图书和相关学习产品,为作译者提供优质出版服务。异步社区创办于 2015 年 8 月,提供大量精品 IT 图书和电子书,以及高品质技术文章和视频课程。更多详情请访问异步社区官网 https://www.epubit.com。

"异步图书"是由异步社区编辑团队策划出版的精品 IT 专业图书的品牌,依托于人民邮电出版社近 30 年的计算机图书出版积累和专业编辑团队,相关图书在封面上印有异步图书的 LOGO。异步图书的出版领域包括软件开发、大数据、人工智能、测试、前端、网络技术等。

异步社区

微信服务号

目 录

第 1 章 自动化测试概述 ··········· 1
- 1.1 自动化测试发展史 ············ 1
- 1.2 TDD 与 ATDD ··············· 2

第 2 章 Robot Framework 自动化测试框架 ··········· 4
- 2.1 框架介绍 ··················· 4
- 2.2 系统架构 ··················· 5
- 2.3 安装 Robot Framework 和相关工具 ········· 6
  - 2.3.1 安装 Python ··········· 6
  - 2.3.2 安装 Robot Framework ··· 7
  - 2.3.3 验证 Robot Framework 和 Python 是否安装成功 ······ 7
  - 2.3.4 RIDE 开发工具 ········ 10
- 2.4 小结 ····················· 12

第 3 章 Robot Framework 测试数据 ················ 13
- 3.1 直观地认识 Robot Framework 测试数据 ················ 14
  - 3.1.1 创建测试工程、测试套件、测试用例 ············ 15
  - 3.1.2 创建资源文件和用户关键字 ··· 16
  - 3.1.3 测试用例的实现 ········ 20
  - 3.1.4 更多测试套件 ·········· 22
- 3.2 测试数据的基本语法 ········ 25
  - 3.2.1 测试数据的结构 ········ 25
  - 3.2.2 文件格式 ············· 27
  - 3.2.3 变量 ················· 31
  - 3.2.4 变量文件 ············· 42
  - 3.2.5 Setup 和 Teardown ····· 44
  - 3.2.6 标签 ················· 46
  - 3.2.7 超时设置 ············· 48
  - 3.2.8 模板 ················· 48
  - 3.2.9 用户关键字 ··········· 50
  - 3.2.10 资源文件 ············ 56
  - 3.2.11 流程控制 ············ 58
- 3.3 小结 ····················· 63

第 4 章 执行 Robot Framework 测试用例 ················ 65
- 4.1 通过 IDE 运行测试用例 ····· 65
- 4.2 通过命令行运行测试用例 ···· 66
- 4.3 测试数据源 ··············· 67

4.4 输出文件 ·································· 70
　4.4.1 XML 文件 ·························· 70
　4.4.2 Log 文件 ··························· 70
　4.4.3 Report 文件 ······················· 71
4.5 执行流程 ·································· 72
4.6 测试用例的返回值 ···················· 73
4.7 小结 ··· 73

第 5 章　Robot Framework 自带的测试库 ······· 75

5.1 BuiltIn 库 ································· 75
　5.1.1 Log 和 Log Many ··············· 75
　5.1.2 Should Match 和 Should Match Regexp ······ 76
　5.1.3 Run Keyword ····················· 76
　5.1.4 Sleep 和 Wait Until Keyword Succeeds ············· 77
　5.1.5 Should Be Equal ················ 77
5.2 Collections 库 ··························· 78
　5.2.1 Should Contain ·················· 78
　5.2.2 Get Count ·························· 79
　5.2.3 删除 Dictionary 变量的元素 ···· 79
5.3 DateTime 库 ······························ 81
　5.3.1 日期格式 ···························· 81
　5.3.2 时间格式 ···························· 81
　5.3.3 BuiltIn 库里的日期和时间关键字 ······················ 81
　5.3.4 Collections 库里的日期和时间关键字 ················ 83
5.4 Robot Framework 自带的其他测试库 ································ 83
5.5 小结 ··· 84

第 6 章　常见的被测系统 ········· 85

6.1 Windows GUI 应用程序 ············· 85
　6.1.1 安装 AutoItLibrary ·············· 85
　6.1.2 Web 版计算器测试示例 ········ 86
6.2 后台服务系统 ···························· 92
　6.2.1 安装 SSHLibrary ················ 92
　6.2.2 SSHLibrary 的使用方法 ······ 93
　6.2.3 Linux 后台服务系统测试 ····· 94
6.3 Web 系统测试 ···························· 96
　6.3.1 安装 SeleniumLibrary ········· 97
　6.3.2 下载 WebDriver ·················· 97
　6.3.3 SeleniumLibrary 的使用方法 ···· 97
　6.3.4 Web 系统测试用例 ·············· 99
6.4 手机 App 测试 ·························· 102
　6.4.1 安装 JDK、Android SDK 和模拟器 ························ 103
　6.4.2 安装 Appium 服务器 ·········· 103
　6.4.3 安装 AppiumLibrary ·········· 105
　6.4.4 AppiumLibrary 的使用方法 ···························· 105
　6.4.5 手机 App 版计算器测试示例 ···························· 105
6.5 小结 ······································· 109

第 7 章　持续集成 ··················· 110

7.1 安装和配置 Jenkins ················· 111
　7.1.1 下载 Jenkins ····················· 111
　7.1.2 启动 Jenkins ····················· 111
　7.1.3 安装插件 ·························· 113
　7.1.4 添加节点 ·························· 114
　7.1.5 启动节点 ·························· 116
7.2 执行 Robot Framework 测试用例 ································ 117
　7.2.1 创建任务 ·························· 117
　7.2.2 任务概览 ·························· 124

7.3 小结·······124

第8章 实战——购物车的测试·······125
8.1 用户需求分析·······125
8.2 测试点设计·······126
8.3 测试套件设计·······128
8.4 Web版购物车Robot Framework自动化测试用例设计与实现·······129
    8.4.1 资源文件·······130
    8.4.2 淘宝的登录限制·······131
    8.4.3 Web版购物车的US1："加入购物车"按钮能出现在所有商品的页面上·······132
    8.4.4 Web版购物车的US2：进入购物车页面，能看见所有挑选的商品列表·······135
    8.4.5 用BeautifulSoup库解析商品属性·······140
    8.4.6 Web版购物车的US3：能修改购物车里已选商品·······143
    8.4.7 Web版购物车的US4：进入收银台前能看到商品总价·······148
    8.4.8 生成测试文档·······153
    8.4.9 创建Jenkins任务·······155
8.5 App版购物车的Robot Framework自动化测试用例设计与实现·······156
    8.5.1 Android App的页面布局·······157
    8.5.2 App目录和文件·······158
    8.5.3 App版购物车的US1："加入购物车"按钮能出现在所有商品的页面上·······161
    8.5.4 App版购物车的US2：进入购物车页面，能看见所有挑选的商品列表·······163
    8.5.5 App版购物车的US3：能修改购物车里已选商品·······170
    8.5.6 App版购物车的US4：进入收银台前能看到商品总价·······175
8.6 小结·······177

第9章 Robot Framework的高级功能·······178
9.1 并发执行·······178
    9.1.1 并发执行相互独立的测试套件·······179
    9.1.2 并发执行互斥的测试套件·······181
9.2 Evaluate·······189
9.3 自定义扩展测试库·······190
    9.3.1 创建自定义扩展测试库·······190
    9.3.2 在Robot Framework中导入自定义扩展测试库·······192
    9.3.3 测试库的作用域·······193
    9.3.4 测试库的版本·······194
    9.3.5 关键字的参数·······194
    9.3.6 测试库的文档·······195
    9.3.7 测试库的日志·······195
9.4 小结·······196

第10章 如何写一个好的Robot Framework测试用例·······197
10.1 推荐的8条规则·······197
10.2 Robot Framework官方约定·······198
    10.2.1 命名约定·······198
    10.2.2 文档约定·······199
    10.2.3 测试数据的结构·······200

附录A 常用命令·······202

第 1 章 自动化测试概述

顾名思义，自动化测试是指软件测试的自动化，它是把以人为驱动的测试行为转化为机器执行的一种过程。通常，在设计测试用例并通过评审之后，由测试人员根据测试用例中描述的规程一步步执行测试，得到实际结果，并与期望结果进行比较。在此过程中，为了节省人力、时间或硬件资源，提高测试效率，引入了自动化测试。

1.1 自动化测试发展史

1. 记录回放

记录回放流行于商业工具之中，无须掌握编程技能即可快速上手。然而，这种方法的使用范围有限，一旦被测系统发生变化，测试就会受到影响，分散的脚本不可重用且难以维护，而且被测系统在测试前必须可用，这也就意味着无法使用验收测试驱动开发（Acceptance Test-Driven Development，ATDD）的方法。因此，这种方法并不适合大型自动化测试。

2. 线性脚本

线性脚本允许使用各种语言来编写非结构化脚本，脚本直接与被测系统交互。这种方法易于快速上手，灵活性强。但是编写非结构化脚本需要编程技能，测试脚本本身的质量无法通过别的测试系统保证，被测系统中的一个改动通常会影响多个脚本，没有经过模块化或重用的大量脚本难以维护。因此，这种方法适合简单的测试任务，不适合大型自动化测试。

3．模块化脚本

模块化脚本由驱动脚本和测试库函数两部分组成。驱动脚本执行测试，测试库函数完成与被测系统的交互。驱动脚本编写起来非常简单，这样可以更快地建立新测试，并且降低维护成本。然而，需要花时间建立测试库，并将测试数据嵌入脚本，一旦建立新测试就需要新的测试脚本。因此，这种方法适合大型自动化测试，但不适合无编程技能的人员。

4．数据驱动

数据驱动能将数据与测试脚本分离，基于模块化的测试库，一个驱动脚本可以执行多个相似测试，这样非常容易建立新测试。其维护工作可以分离，测试人员负责数据，开发人员负责写测试库。然而，不同类型的测试仍需要新的驱动脚本，初始建立数据解析器和重用组件需要花费大量人力。因此，这种方法适合大型自动化测试，且只需要较少的编程技能。

5．关键字驱动

关键字驱动可将数据与关键字结合起来描述如何使用数据执行测试。这种方法具备数据驱动的优势，同时非编程人员也能建立新测试。所有测试由同一个框架来执行，不需要不同的驱动脚本。虽然这种方法初始成本很高，但是可以使用开源方案，因此非常适合大型自动化测试。

1.2　TDD 与 ATDD

测试驱动开发（Test-Driven Development，TDD）是敏捷开发中的一项核心实践和技术，也是一种设计方法论。TDD 是指在开发功能代码之前，根据需求先编写具体的测试用例，而后编写产品代码使测试用例成功执行，从而用测试用例来驱动编写什么样的产品代码。这种开发方法能有效避免提交一些不是为了某个需求而写的冗余代码。

ATDD 是指用户（或产品经理）、开发人员、测试人员在开发软件之前一起制定出每个需求的验收标准，并总结、提取出一组验收测试用例。然后开发人员根据测试用例用 TDD 方法编写产品代码。与此同时，测试人员也根据测试用例编写自动化测试脚本或手动测试步骤。如果产品代码通过了所有的测试用例，就表示这个需求已满足。

TDD 一般只涉及开发者本人以及和他结对的开发人员。如果开发人员对业务需求的理解不正确，写出的测试用例也将是错误的。ATDD 是用户（或产品经理）、开发人员、测试人员一起讨论并制定出的验收标准和测试用例，能有效地保证大家对业务需求的一致性理解。

第 2 章
Robot Framework 自动化测试框架

2.1 框架介绍

Robot Framework 是一个基于 Python 的关键字驱动的自动化测试框架。它具有良好的扩展性，适用于端到端的 ATDD 方法，可以用于 GUI、接口、服务、Web 应用、手机应用等各种常见软件系统的自动化测试。

Robot Framework 于 2005 年由诺基亚开发。诺基亚是世界 500 强企业，主要为全球各大移动运营商提供网络设备、网络建设和网络维护工作。Robot Framework 就出自网络通信部门，第 1 版发布时支持的库函数还相当少，诺基亚于同年发布第 2 版并共享给开源社区。在开源社区里，各个开发者可以贡献自己开发的插件来扩展和丰富 Robot Framework 的功能，以满足对不同软件系统的测试需求。近十几年来，Robot Framework 插件层出不穷，基本上涵盖了所有流行的第三方自动化测试工具。各种专业测试工具也都主动提供测试库来和 Robot Framework 集成。

下面简单总结 Robot Framework 的一些主要特性。

（1）基于表格创建测试用例。

（2）能够基于现有的关键字创建用户自定义的关键字。

（3）能对测试用例设置不同的标签并分类，以便在不同的测试级别使用不同的测试用例。

（4）测试报告用 HTML 分级呈现，易于阅读、检查。

（5）支持创建数据驱动的测试用例。

（6）可以运行于各种操作系统和应用平台。

（7）具有开放的测试库开发接口。用户可以用 Java 或 Python 创建自己的测试库。

（8）提供命令行运行接口和 XML 格式的测试报告，易于和各种持续集成（Continue Integration）平台集成，能够在提交代码后自动触发运行测试，并快速返回测试报告。

（9）支持 Web 测试、图形界面、Telnet、SSH、手机 App 等的测试。

2.2 系统架构

Robot Framework 是一个通用的、独立于具体的应用和技术的框架，它高度模块化的架构如图 2-1 所示。

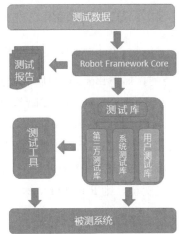

图 2-1 Robot Framework 高度模块化的架构

- **测试数据**：用满足 Robot Framework 语法写成的表格形式的测试用例。测试人员的主要工作就是编写测试数据。

- **测试报告**：测试运行完成后生成的可阅读报告，有助于一目了然地了解测试运行的结果。

- **Robot Framework Core**：测试框架的核心。它解析测试数据，将一个个测试用例转换成测试库能识别的操作，并负责在测试用例执行完后生成对应的测试报告。

- **测试库**：把一些通用的功能抽象出来，组成可重复使用的工具。测试库有系统测试库、第三方测试库和用户测试库。

  - **系统测试库**：系统自带的测试库。它提供一些基本的操作，如变量赋值、for 循环、简单判定、字符串处理等。

- **第三方测试库**：适配第三方测试工具的测试库，如用于 Web 测试的 SeleniumLibrary、用于远程系统测试的 SSHLibrary 等。
- **用户测试库**：为了满足特定的需求，用户自己用 Java 或 Python 编写的库函数关键字。

• **测试工具**：有些测试库函数不能与被测系统直接交互，需要借助测试工具作为驱动器接口与被测系统交互。例如，用于手机系统测试的 Appium，它负责解释用 AppiumLibrary 写的关键字并将相关指令发送给手机系统。

图 2-1 中除测试数据和用户测试库由测试人员新创建的外，其他部分一般不需要测试人员修改。Robot Framework Core、测试工具、系统测试库、第三方测试库是由 Robot Framework 或第三方开发提供的。测试报告是由 Robot Framework 运行测试用例后得到的测试结果。

2.3 安装 Robot Framework 和相关工具

Robot Framework 平台是独立的，既可以安装在 Windows 操作系统上，也可以安装在 UNIX、Linux、macOS 等操作系统上。下面以 Windows 操作系统为例进行讲解。

2.3.1 安装 Python

Robot Framework 是基于 Python 编写的，安装 Robot Framework 之前，需要先安装 Python。

打开 Python 官网后，找到 Python 最新版本的"Windows x86 MSI installer"，对于 64 位 Windows 操作系统，可以选择"Windows x86-64 MSI installer"。安装好 Python 后，注意检查 Path 环境变量是否包含 Python 根目录和 Scripts 子目录。如果没有添加 Path 环境变量，则 Robot Framework 的安装将会失败。

要修改环境变量，右击"我的电脑"，选择"属性"，在打开的"系统"窗口中，选择"高级系统设置"选项。在打开的"系统属性"对话框中，单击"环境变量"按钮，打开"环境变量"对话框，如图 2-2 所示。可以将 Path 环境变量添加到"Administrator 的用户变量"里，也可以添加到"系统变量"里。注意，系统变量对所有用户都有效。

图 2-2 "环境变量"对话框

2.3.2 安装 Robot Framework

安装 Robot Framework 有多种方式，最直接的方式是在 Robot Framework 官网下载 Robot Framework，然后解压并运行"python setup.py install"，但这不是最简单的方式。最简单的方式是采用 pip 来安装。pip 是一个基于命令行的 Python 包安装和管理工具。安装 Python 2.7.9 或 Python 3.4 以上版本时会默认安装 pip 工具。pip 支持的安装包可以在 Python 包索引（Python Package Index，PyPI）列表中查找。

要运行 pip 工具，选择 Windows 系统的"开始"菜单中的"运行"，在"运行"对话框里输入 cmd，然后按 Enter 键，就会打开 Windows 命令行窗口。在 Windows 命令行窗口中直接输入 pip help，就可以看到 pip 的使用方法。下面列出 pip 的一些常用方法。

```
# 安装最新版本的某个 Python 包
pip install <pkg_name>
# 将现有的包升级到最新版本
pip install --upgrade <pkg_name>
# 指定安装某一个版本
pip install <pkg_name>==2.9.2
# 安装下载的包（不需要网络连接）
pip install <path_to_download>\<pkg_name>.tar.gz
# 安装 GitHub 上指定的软件包
pip install https://github.com/robotframework/robotframework/archive/master.zip
# 卸载指定的包
pip uninstall <pkg_name>
# 查看用 pip 已安装的包列表
pip list
```

例如，要安装 Robot Framework，在 Windows 命令行窗口中输入下面的命令。

```
pip install robotframework
```

由于 PyPI 服务器地址在国外，因此国内连接速度可能比较慢，pip 工具的安装也可能会超时。这个时候可以用下载工具先在 PyPI 上下载 tar.gz 格式的源代码包。例如，先下载 robotframework-3.0.4.tar.gz，然后用 pip 指定本地包安装。

```
pip install D:\MyDownloads\robotframework-3.0.4.tar.gz
```

至此，Robot Framework 安装完毕。

2.3.3 验证 Robot Framework 和 Python 是否安装成功

现在 Robot Framework 和自带的 BuiltIn 库已经可以使用了，下面看一个简单的例子——

经典的“hello RF”。

首先，用任何文本编辑器（如记事本）创建一个文本文件 hello_RF.txt，内容如下。

```
*** Settings ***
Documentation    我的第一个 Robot Framework 测试用例

*** Test Cases ***
case 1
    ${myChar}    Set Variable    Hello Robot Framework
    Log    ${myChar}
    Should Be Equal As Strings    ${myChar}    Hello Robot Framework
```

注意，中间比较长的空白处为 4 个空格，这是 Robot Framework 数据文件中各个字段之间的一种分隔方式。

在这个例子中，使用了 BuiltIn 库的几个关键字。

- Set Variable：变量赋值。
- Log：输出变量内容。
- Should Be Equal As Strings：以字符串方式进行比较，判定它们是否相同。如果相同，就通过；如果不同，就不通过。

然后，将文件保存到磁盘上，如保存到 d:\robot_test_case\hello_RF.txt。

接下来，在 Windows 命令行输入如下命令。

```
cd d:\robot_test_case
robot --extension txt hello_RF.txt
```

如果 Robot Framework 安装成功，则会看到图 2-3 所示的输出。

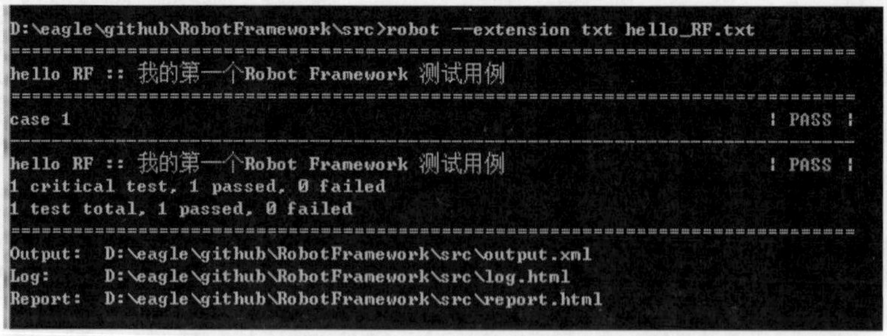

```
D:\eagle\github\RobotFramework\src>robot --extension txt hello_RF.txt
==============================================================================
hello RF :: 我的第一个Robot Framework 测试用例
==============================================================================
case 1                                                                | PASS |
------------------------------------------------------------------------------
hello RF :: 我的第一个Robot Framework 测试用例                          | PASS |
1 critical test, 1 passed, 0 failed
1 test total, 1 passed, 0 failed
==============================================================================
Output:  D:\eagle\github\RobotFramework\src\output.xml
Log:     D:\eagle\github\RobotFramework\src\log.html
Report:  D:\eagle\github\RobotFramework\src\report.html
```

图 2-3　Robot Framework 安装成功后的输出

最后，打开 report.html 和 log.html，可以查看测试报告和日志，如图 2-4 和图 2-5 所示。

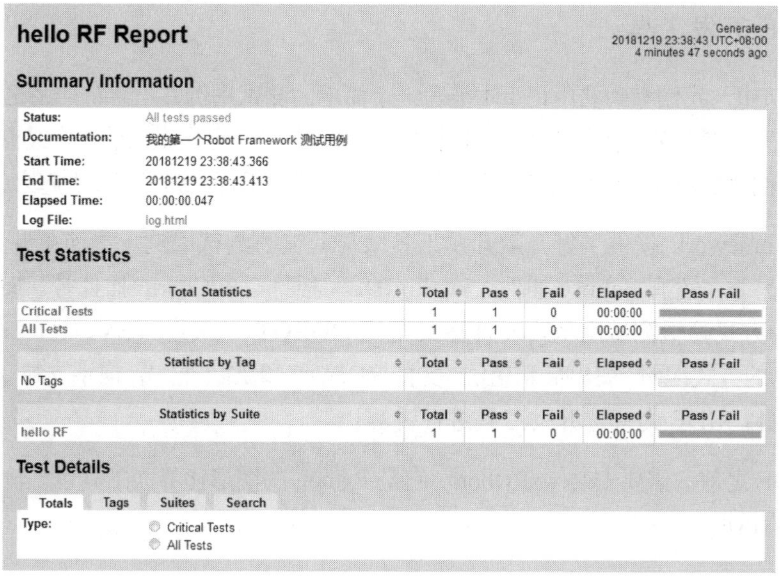

图 2-4　测试报告

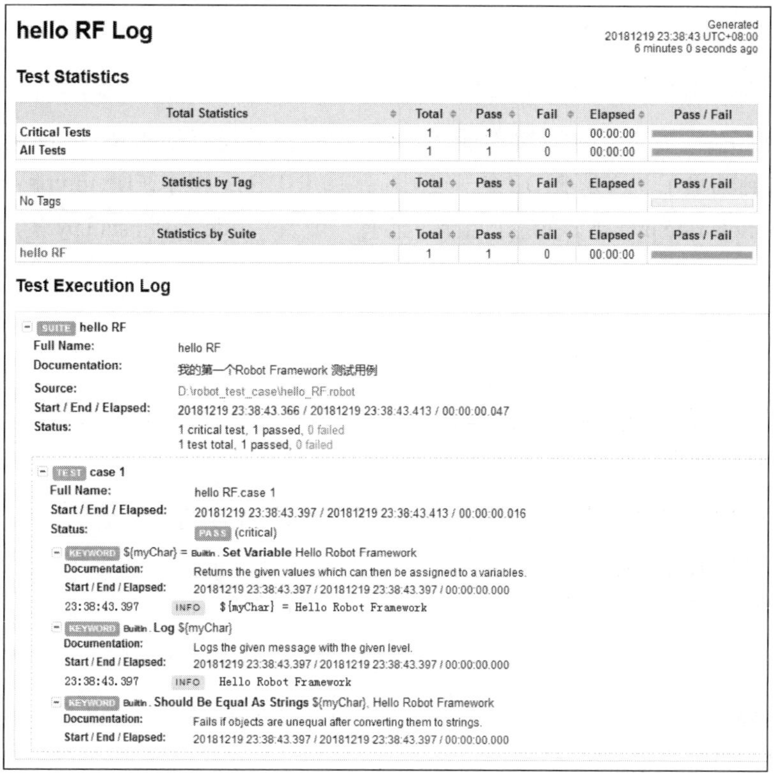

图 2-5　日志

2.3　安装 Robot Framework 和相关工具

2.3.4 RIDE 开发工具

在 2.3.3 节中，我们看到要用记事本编写一个简单的测试用例并不容易，用记事本输入 4 个空格的分隔符很容易输错。关键字和数据混淆在一起，没有突出显示语法，格式也没对齐。只有几行或几十行的测试数据看起来还能忍受，但如果有成百上千行，编写或阅读起来就非常困难了。

Robot Framework 提供了好几款开发工具来帮助编写测试用例。最简单并且集成度最好的是 RIDE。另外，还有 Eclipse 插件、Intellij IDEA 插件、PyCharm 插件等。RIDE 提供了以表格和文本的方式编辑测试用例，文件格式支持 ROBOT、TXT、TSV、HTML 等。其他几个插件用文本的方式编辑，突出显示语法，支持 ROBOT 和 TXT 格式，但不支持 TSV 和 HTML 格式。下面将以 RIDE 为首选开发工具进行讲解。

安装 RIDE 之前，需要安装 wxPython，它是 Python 的图形化界面工具包。输入以下命令以安装合适的 wxPython。

```
pip install -upgrade wxpython
```

安装好 wxPython 后，就可以安装 RIDE 了，还使用 pip 来安装。要安装 RIDE，输入下面的命令即可。

```
pip install --upgrade robotframework-ride
```

RIDE 安装完后，用户会发现桌面或"开始"菜单里并没有创建 RIDE 的快捷方式，甚至不知道它安装到哪里了。这是 RIDE 的一点小问题。RIDE 主程序在[Python 路径]\Scripts（如 C:\Python37\Scripts\ride.py）下。在这个目录下还有一个名叫 ride_postinstall.py 的脚本，用 Python 运行它。

```
>cd C:\Python37\Scripts\
>python ride_postinstall.py
```

这时会弹出一个对话框，询问是否要在桌面创建一个快捷方式。选择"是"，桌面就会出现 RIDE 图标，如图 2-6 所示。

如果没有出现创建桌面快捷方式的对话框，用户可以手动将其发送到桌面并创建一个快捷方式以方便使用。然后右击 RIDE 图标，选择"属性"，在弹出的界面中，修改"目标"文本框里的内容为如下文字。

图 2-6 RIDE 图标

```
C:\Python37\pythonw.exe  -c "from robotide import main; main()"
```

注意，不要将命令行的双引号写成全角的双引号。至此，用户可以双击桌面上的 RIDE 图标，以启动图形界面的 Robot Framework 开发工具。为了美观，用户还可以把默认图标换成机器人的图标，其路径为[Python 路径]\Lib\site-packages\robotide\widgets\robot.ico。

在 RIDE 里选择 File→Open Test Suite，然后找到刚写的 hello_hF.txt。这时在 RIDE 里看见的 hello RF 测试用例如图 2-7 所示。

单击 Run 选项卡，可以切换到运行页面，具体设置如图 2-8 所示。

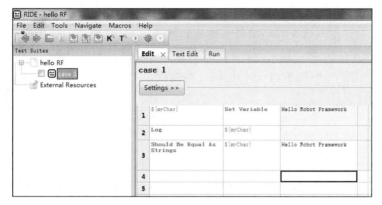
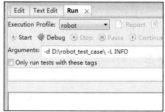

图 2-7　hello RF 测试用例　　　　　　　　　图 2-8　运行页面的设置

在 Execution Profile 下拉列表框中选择 robot；在 Arguments 文本框中输入"-d D:\robot_test_case\ -L INFO"。其中，-d D:\robot_test_case\表示日志和测试报告文件的保存目录，-L INFO 表示日志的级别，从详细到简单依次为 TRACE、DEBUG、INFO（默认选项）、WARN、NONE（没有日志）。设置好后，勾选左侧的测试用例"case 1"，然后单击 Start 按钮，开始运行测试用例。RIDE 的运行界面如图 2-9 所示。

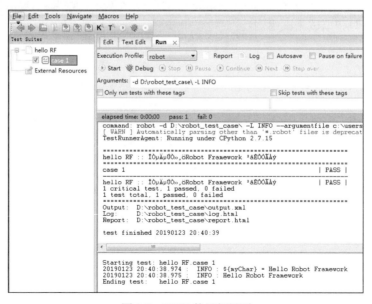

图 2-9　RIDE 的运行界面

2.3　安装 Robot Framework 和相关工具　　11

运行界面里出现了一些乱码，这是因为测试用例的文档里有中文"我的第一个 Robot Framework 测试用例"。虽然 RIDE 在运行时无法正确显示中文，但是生成的日志文件 log.html 和测试报告文件 report.html 里能正确显示中文，这和在命令行中使用 robot hello_RF.txt 输出的日志和测试报告一模一样。

图 2-9 中出现的 WARN 用于提示系统不能自动将其他格式转换成.robot 格式，建议用户自己转换成.robot 格式或用-extension txt 显式指定需转换的文件格式。当然，也可以都用.robot 格式或加上-extension。.robot 格式是一种和 TXT 一样的纯文本格式，关键字和参数之间也用 4 个空格分隔。

2.4 小结

本章开篇介绍了 Robot Framework 的一些基本特性，读者可以据此初步判断 Robot Framework 是不是自己想选用的自动化测试工具，然后讲解了 Robot Framework 的架构，其中主要包括测试数据、Robot Framework Core、测试库和测试工具等。Robot Framework 读取测试数据，使用各种自动化测试工具来检查被测系统，然后生成统一格式的具有分层结构的 HTML 测试报告。

另外，本章还详细介绍了如何在 Windows 操作系统上搭建 Robot Framework 开发环境，并用一个经典的 hello RF 测试用例验证了搭建的环境。RIDE 工具提供了一个编写和调试测试用例的友好界面，良好的开发工具可以达到事半功倍的效果，因此，日常开发中要尽量使用开发工具来编写和调试测试用例。

第 3 章
Robot Framework 测试数据

Robot Framework 测试数据可以分为 3 层结构，分别是测试工程（project），或叫测试主目录，测试套件（test suite），或叫测试集合，以及测试用例（test case）。除这 3 层基本结构外，还有用户关键字（keyword）、变量定义、变量文件、资源文件、测试子目录等，它们之间的关系如图 3-1 所示。

- **测试工程**：测试套件的集合。一个测试工程包含一到多个测试套件，一个测试工程一般对应一个被测系统。测试工程除可以像测试套件一样，创建用户关键字和定义作用域为本目录的变量外，还可以创建资源文件和测试子目录。

- **测试套件**：在测试用例之上是测试套件，一个测试套件对应一个文件，一批相关的测试用例可以放在同一个测试套件里。测试套件下可以定义作用域为本套件的变量，以及创建用户关键字。

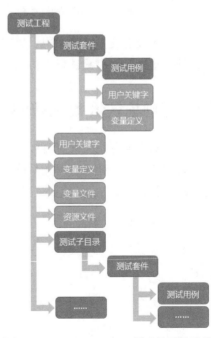

图 3-1　Robot Framework 测试数据的结构

- **测试用例**：测试用例是具体的测试步骤，用于记录对被测系统要执行什么操作。
- **用户关键字**：基于现有的关键字，用户可以创建满足特定需求的自定义关键字。
- **变量定义**：定义一定作用域的标量（scalar）、列表（list）或字典（dictionary）变量。
- **变量文件**：一种集中的变量管理方式。变量文件是一种 Python 代码的格式，除定义简单的静态变量外，它还可以定义动态变量或更复杂的对象。
- **资源文件**：变量和用户关键字的集合。如果某些关键字或变量适用于多个测试套件，则可以把它们抽象出来统一放到一个资源文件里，在需要使用的测试套件里，引用这个资源文件。
- **测试子目录**：测试工程下可以创建子目录。如果一个系统包含多个模块，则一个模块可以创建一个子目录。子目录拥有和测试工程一样的特性，可以在其下创建测试套件、资源文件、变量文件以及下级子目录。

测试工程和测试子目录在文件系统上就是一个目录文件，其下可以有一个特殊的文件"__init__.robot"用来存放与此目录相关的变量、用户关键字、初始化和退出操作等。

一个测试套件即为一个独立的文件，用于存放测试用例、用户关键字、变量定义等。

资源文件也是一个独立的文件，资源文件里可以存放用户关键字、变量定义信息。

此外，还有变量文件，用于集中式的变量管理。变量文件里定义的变量可以在运行时传入而使变量能被所有测试套件访问。

3.1　直观地认识 Robot Framework 测试数据

为了对上面这些概念有直观的认识，下面用一个简单的示例一步一步地介绍这些概念。我们设想要对一个助理机器人系统做自动化测试，这个助理机器人系统提供了一些基本问题的自动回答，例如下面列举的几条。

说：你好！

助理机器人答：主人，早上好！（注意，机器人能自动根据时间回答"下午好"或"晚上好"。）

问：现在几点了？

助理机器人答：现在时刻 9:00 整。

问：今天天气怎么样？

助理机器人答：今天早上微风，温度 23℃，中午到下午晴朗，最高温度达 32℃，傍晚有小到大雨，请主人出门注意防晒和准备雨具哦！

问：Robot Framework 是什么？

助理机器人答：对不起！我现在还不能理解您在说什么，请尝试其他问题吧。

如果我们要对这个助理机器人系统做自动化测试，首先要设计测试点。测试点大致可以分成两类：一类是正常的测试点，对助理机器人能回答的问题一对一地设计测试用例；另一类是异常的测试点，向助理机器人输入一些它不知道的问题甚至输入一些英文、特殊符号、乱码等。下面一步一步创建这些自动化测试用例。

为了快速上手，对示例中用到的变量、关键字、if 语句等可以先不用太纠结，不懂的地方先做一个记号，后面章节会详细讲解 Robot Framework 的语法和使用场景。

3.1.1 创建测试工程、测试套件、测试用例

打开 RIDE，选择 File→New Project，在弹出的 New Project 对话框中输入必要的信息，如图 3-2 所示。

图 3-2　在 New Project 对话框中输入信息

在 Type 选项组中单击 Directory 单选按钮。Directory 的意思是创建一个目录，这样在这个目录下可以创建多个测试套件。如果单击 File 单选按钮，就会创建一个测试套件，不能再在下面创建子目录和测试套件了。

在 Format 选项组中可以任选，作者比较喜欢 TSV 格式（用制表符作为分隔符）。TSV 格式的文件可以用任何文本编辑器打开，相对于 TXT 格式来说，更易读一些；相对于 HTML 格式来说，结构要简单得多。用各种源代码版本控制工具来比较各个版本之间的改动，TSV 格式也更直观。最不推荐使用 HTML 格式，因为用版本控制工具比较不同版本间的变化时，HTML 格式不易阅读。TXT 格式用 4 个空格作为分隔符，ROBOT 格式原来用"|"作为分隔符，编写本书时 RIDE 的版本是 1.7.3.1，它也用空格作为分隔符，但很难看出它和 TXT 格式

有什么区别。

创建好测试工程之后，右击 Assistant Robot Project，选择 New Suite 选项，在弹出的 Add Suite 对话框里输入测试套件的名字，如图 3-3 所示。

在 Type 选项组中单击 File 单选按钮，这里我们要创建一个测试套件，而不是要创建一个子目录。

在创建好测试套件之后，右击 Positive Function TestSuite，然后选择 New Test Case 选项，创建测试用例。在弹出的对话框中输入测试用例的名字（如 Hello_TestCase）即可。最后 RIDE 中的结构如图 3-4 所示。

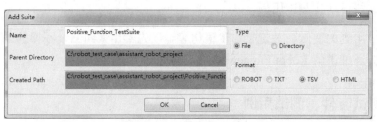

图 3-3　Add Suite 对话框

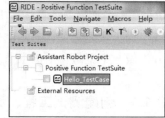

图 3-4　RIDE 中的结构

3.1.2　创建资源文件和用户关键字

经过初步分析，在每一个测试用例里都要向助理机器人发送一条指令，然后等待助理机器人回复，所以可以抽象出两个关键操作，分别是发送指令和接收助理机器人的回复。发送和接收功能依赖于具体的助理机器人的实现方式，这里用一种简单的方式来实现——用户把问题存入一个文本文件里，然后助理机器人用程序读取此文本文件，并根据文件里的问题给出回复，把回复内容写入另一个文本文件中。助理机器人系统的模拟程序可以用 Python 实现。

```python
#!/usr/bin/env python
# -*- coding: UTF-8 -*-
import datetime
import os
import operator

def Reply():
    curDir=os.path.dirname(__file__)
    src_f=os.path.join(curDir,'questions.txt')
    dst_f=os.path.join(curDir,'answer.txt')
    fn_src=open(src_f,'r',encoding='utf8')
    msg=fn_src.readline()
    fn_src.close()
```

```python
        inputMsg=u'问: {}'.format(msg)
        print(inputMsg)
        fn_dst = open(dst_f, 'w',encoding='utf8')
        retMsg=""
        if operator.eq(msg.strip(), '你好！'):
            nowTime = int(datetime.datetime.now().strftime('%H'))
            retTime=""
            if nowTime >= 18:
                retTime=u"晚上"
            elif nowTime >=12:
                retTime=u"下午"
            elif nowTime < 12:
                retTime=u"上午"
            retMsg=u"主人，{}好！".format(retTime)

        elif operator.eq(msg.strip(), '现在几点了？'):
            nowTime = datetime.datetime.now().strftime('%H:%M')
            retMsg=u"现在时刻{}".format(nowTime)
        elif operator.eq(msg.strip(), '今天天气怎么样？'):
            retMsg=u"今天早上微风，温度23°，中午到下午晴朗，最高温度达32°，傍晚有小到大雨， 请主人出门注意防晒和准备雨具哦！"

        else:
            retMsg = u"对不起！我现在还不能理解您在说什么，请尝试其他问题吧。"
        print ("答：%s" % retMsg)
        fn_dst.write(retMsg.strip())
        fn_dst.close()

if __name__ == "__main__":
    Reply()
```

我们和助理机器人之间的交互操作适用于所有测试点，也可以自定义关键字来实现这两个操作。它们的作用范围是整个测试工程，我们在测试工程下创建一个资源文件来保存这些关键字。右击 Assistant Robot Project，选择 New Resource 选项。在弹出的 New Resource File 对话框（见图3-5）里输入资源文件的名字 Operation_Resource，在 Format 选项组中单击 TSV 单选按钮。

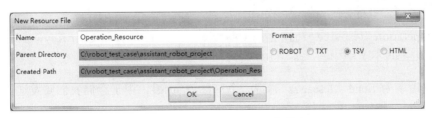

图 3-5　New Resource File 对话框

为了方便使用，在资源文件里定义存放用户问题和助理机器人回复的文件变量以及助理机器人程序中的变量。在弹出的对话框中，单击 Add Scalar 按钮，添加标量，如图 3-6 所示。

图 3-6　单击 Add Scalar 按钮，添加标量

Robot Framework 提供了读取本地文件和运行本地程序的 OperatingSystem 库，我们把它作为 Library 加到 Operations_Resource 文件里。OperatingSystem 提供的关键字及其用法可以到 Robot Framework 官网查看。

注意，这里没有用完整路径定义变量，而且目录分隔符也不是 Windows 系统的目录分隔符"\"，而使用了类似于 Linux 系统的文件路径方式。Robot Framework 能根据运行的平台自动把 Linux 格式的路径转换成相应平台的路径，也可以用"${/}"作为目录分隔符显式地告诉 Robot Framework 根据运行的平台进行替换。Robot Framework 本身是支持跨平台的，我们写的测试数据最好也能跨平台，这样不管在 Windows 系统上还是 Linux 系统或 macOS 上，都不需要修改测试数据。

右击 Operation_Resource，选择 New User Keyword，打开 New User Keyword 对话框（见图 3-7）来创建两个关键字。

一个关键字为 Send_Message，它带一个 ${参数 msg}，用于存储我们要发送给助理机器人的指令。

图 3-7　New User Keyword 对话框

另一个关键字为 Get_Reply，它带一个参数${content}，用于存储助理机器人回复的内容。Send_Message 与 Get_Reply 关键字的定义分别如图 3-8 和图 3-9 所示。

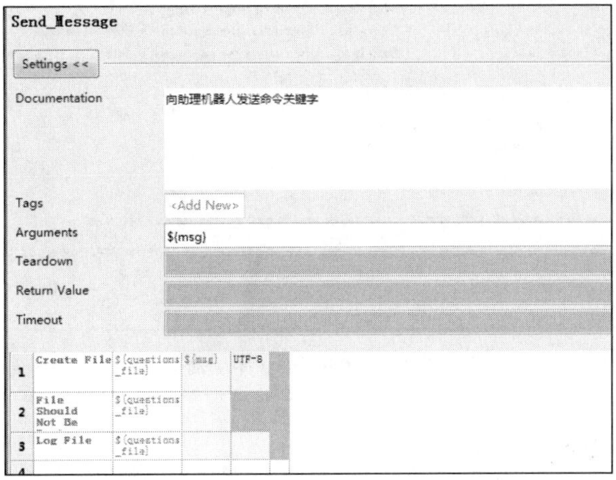

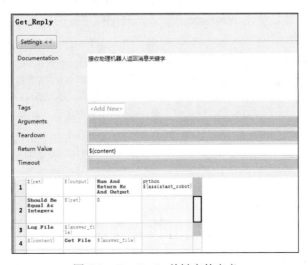

图 3-8　Send_Message 关键字的定义

图 3-9　Get_Reply 关键字的定义

灰色的文本框前面的字段是使用的变量，和 Python 中一样，变量赋值前不需要声明类型。加粗的字体是关键字，这些关键字都来自 OperatingSystem 库。在 RIDE，从菜单栏中选择 Tools→Search Keywords 或直接按 F5 键会弹出 Search Keywords 对话框（见图 3-10），在 Source 下拉列表框中选择 OperatingSystem 会列出这个库的所有关键字及其解释和用法。

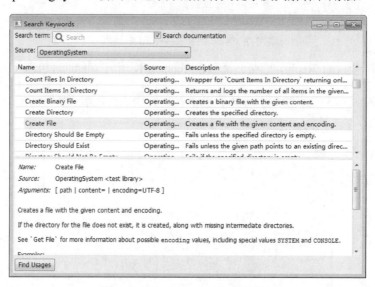

图 3-10　Search Keywords 对话框

3.1.3　测试用例的实现

创建资源文件和用户关键字后，就可以在测试套件里导入它们。把 Source 设置为 Positive_Function_TestSuite.tsv，然后单击 Resource 按钮，选择刚创建好的资源文件，添加对资源文件的引用，如图 3-11 所示。

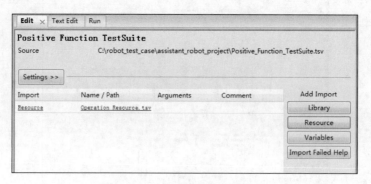

图 3-11　添加对资源文件的引用

在 3.1.1 节中我们创建了一个名为 Hello_TestCase 的测试用例，但是只有一个测试用例的名字，并无具体创建的步骤。我们要测试的场景是向助理机器人发出一句"你好！"，助理机器人根据当前时间回复"主人，早上好！""主人，下午好！"或"主人，晚上好！"。测试用例的具体实现步骤如图 3-12 所示。

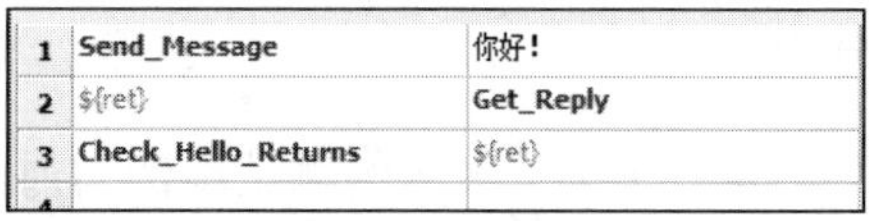

1	Send_Message	你好！
2	${ret}	Get_Reply
3	Check_Hello_Returns	${ret}

图 3-12　Hello_TestCase 的具体实现步骤

Send_Message 是在 Operation_Resource 文件里刚创建的关键字，用于向助理机器人发送指令。Get_Reply 也是在 Operation_Resource 文件里刚创建的关键字，用于查询助理机器人并得到相应的回复。

Check_Hello_Returns 是一个作用域为本测试套件的关键字，用来验证助理机器人的回复是否正确。其定义如图 3-13 所示。

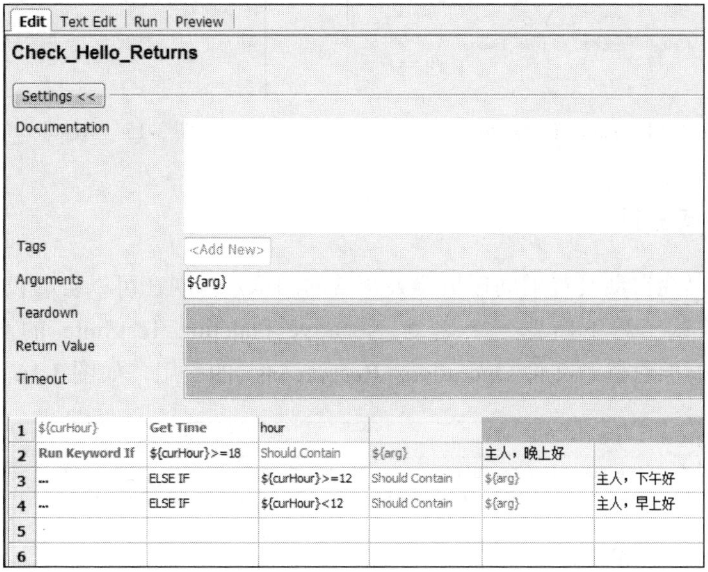

	Arguments: ${arg}			
1	${curHour}	Get Time	hour	
2	Run Keyword If	${curHour}>=18	Should Contain	${arg}	主人，晚上好
3	...	ELSE IF	${curHour}>=12	Should Contain	${arg}	主人，下午好
4	...	ELSE IF	${curHour}<12	Should Contain	${arg}	主人，早上好

图 3-13　Check_Hello_Returns 关键字的定义

Check_Hello_Returns 关键字有一个输入参数${arg}，用于传递助理机器人回复的内容。

Get Time、Run Keyword If、Should Contain 都是 Robot Framework 的 BuiltIn 库默认包含的关键字。我们可以在 RIDE 里按 F5 键查看每一个关键字的解释和用法。

至此，第一个测试用例就设计完成了。以这个测试用例作为基础，第二个关于时间的测试用例就很简单了。第二个测试用例如下。

问：现在几点了？

助理机器人答：现在时刻 9:00 整。

Time_TestCase 如图 3-14 所示。

所有用到的关键字都是在设计第一个测试用例的时候创建的，这个测试用例可以直接复用。

第三个关于天气的测试用例与前两个类似，可以复用现有的全部关键字，只需替换具体的问题和回复，这里就不赘述。Weather_TestCase 如图 3-15 所示。

 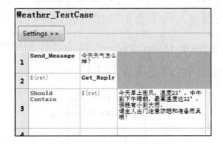

图 3-14 Time_TestCase　　　　　　　　图 3-15 Weather_TestCase

3.1.4 更多测试套件

至此，我们已经自动设置了助理机器人正常的测试点，现在可以自动设置其异常的测试点。在同一个测试工程下新建一个名为 Negative_Function_TestSuite 的测试套件，单击 Resource 按钮，添加对资源文件 Operations_Resource.tsv 的引用，如图 3-16 所示。

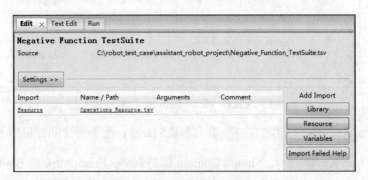

图 3-16 添加对资源文件的引用

设计的测试用例覆盖下面这个测试点。

问：Robot Framework 是什么？

机器人答：对不起！我现在还不能理解您在说什么，请尝试其他问题吧。

Unkown_TestCase 如图 3-17 所示。

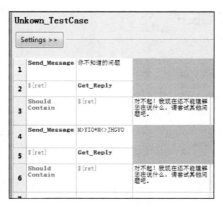

图 3-17　Unkown_TestCase

现在,我们已经自动设置了助理机器人的所有测试点,下面试运行。右击 Assistant Robot Project,然后选择 Select All Tests 以选中全部测试用例。单击 RIDE 中的 Run 选项卡,然后单击 Start 按钮,测试用例的运行情况如图 3-18 所示。

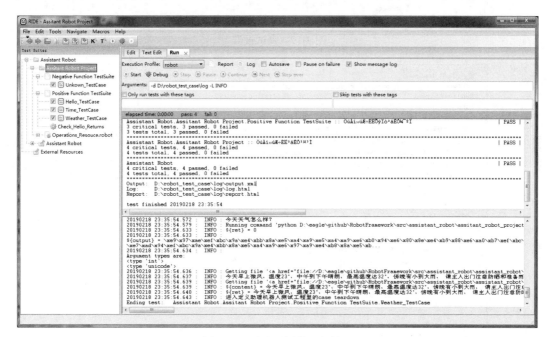

图 3-18　测试用例的运行情况

Robot Framework 瞬间把所有测试用例都运行了一遍,4 个测试用例都成功通过(pass),耗时短于 1s (elipsed time:00:00:00:487),实际上只用了 487ms。勾选 Report 复选框,即可查看测试报告如图 3-19 所示。勾选 Log 复选框,即可查看测试日志,如图 3-20 所示。

Assistant Robot Report

Generated
20190218 23:35:54 UTC+08:00
2 minutes 0 seconds ago

Summary Information

Status:	All tests passed
Start Time:	20190218 23:35:54.168
End Time:	20190218 23:35:54.655
Elapsed Time:	00:00:00.487
Log File:	log.html

Test Statistics

Total Statistics	Total	Pass	Fail	Elapsed	Pass / Fail
Critical Tests	4	4	0	00:00:00	
All Tests	4	4	0	00:00:00	

Statistics by Tag	Total	Pass	Fail	Elapsed	Pass / Fail
regression	4	4	0	00:00:00	

Statistics by Suite	Total	Pass	Fail	Elapsed	Pass / Fail
Assistant Robot	4	4	0	00:00:00	
Assistant Robot . Assitant Robot Project	4	4	0	00:00:00	
Assistant Robot . Assitant Robot Project . Negative Function TestSuite	1	1	0	00:00:00	
Assistant Robot . Assitant Robot Project . Positive Function TestSuite	3	3	0	00:00:00	

Test Details

Totals | Tags | Suites | Search

Type: ○ Critical Tests
○ All Tests

图 3-19　测试报告

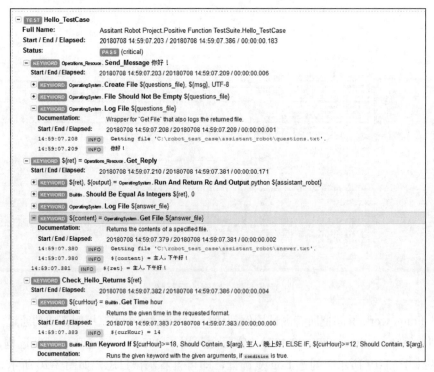

图 3-20　测试日志（片段）

第 3 章　Robot Framework 测试数据

3.2 测试数据的基本语法

本节主要介绍 Robot Framework 测试数据的基本语法和使用方法。Robot Framework 是用 Python 写的,所以和 Python 在很多地方有类似的定义和用法。

3.2.1 测试数据的结构

一个测试文件可以分成 4 部分——Settings、Variables、Test Case 和 Keywords。每部分下面有些特殊的标记符号。其结构和每一部分的解释如下。

```
*** Settings ***        #配置部分
Documentation           #本测试套件的描述文档
Suite Setup             #进入本测试套件的准备工作
Suite Teardown          #收尾工作,完成测试套件里所有测试用例后执行的步骤
Test Setup              #本测试套件的每一测试用例里默认的准备工作
Test Teardown           #本测试套件的每一测试用例里默认的收尾工作
Force Tags              #强行给每个测试用例设置标签
Default Tags            #没有标签的测试用例默认使用这里设置的标签
Test Template           #测试用例的测试模板
Test Timeout            #测试套件的超时时间
Resource                #引用的资源文件
Library                 #应用的测试库
Variables               #变量文件

*** Variables ***       #变量定义部分
${var}                  #定义一个 Scalar 变量
@{list}                 #定义一个 List 变量
&{dict}                 #定义一个 Dictionary 变量

*** Test Cases ***      #测试用例部分
Hello_TestCase          #测试用例名字
    [Documentation]     #测试用例的文档说明
    [Tags]              #给测试用例设置某些标签
    [Setup]             #定义测试用例的准备工作,会覆盖测试套件里的定义
    [Template]          #测试用例模板
    [Timeout]           #测试用例运行的超时时间
    step1               #测试用例的具体实现步骤
    step2
    ……
    [Teardown]          #定义测试用例的收尾工作,会覆盖测试套件里的定义

*** Keywords ***        #关键字部分
Keyword_Name            #关键字名字
```

```
[Arguments]         #关键字输入参数列表
[Documentation]     #关键字的文档说明
[Tags]              #关键字的标签
[Timeout]           #关键字运行的超时时间
 step1              #关键字的具体实现步骤
 step2
 ……
[Teardown]          #关键字的收尾工作
[Return]            #关键字的返回值
```

需要说明的是,并不是每个文件都必须有这些部分。测试文件分为测试套件文件、测试主目录的__init__文件和资源文件这 3 种。测试套件文件里可以包含所有部分,也可以只包含 "*** Test Cases ***" 部分。

资源文件比较特殊,它不能有 "*** Test Cases ***" 部分。"*** Settings ***" 部分也最多只能有 Documentation、Resource、Library 和 Variables。" *** Variables ***" 和 "*** Keywords ***" 部分(和测试套件一样)可以都包含。一般资源文件主要的功能就是存放公用的关键字。

测试工程介于测试套件和资源文件之间,它虽然也不能包含 "*** Test Cases ***" 部分,但是可以有 Suite Setup、Suite Teardown 等。__init__文件用于定义本目录下公用的关键字、变量和统一的 Setup/Teardown 操作。

表 3-1 总结出了测试工程、测试套件和资源文件各部分的异同。M 表示必须有,O 表示可选,X 表示不支持。

表 3-1 测试工程、测试套件和资源文件的异同

	测试工程	测试套件	资源文件
*** Settings ***	O	O	O
Documentation	O	O	O
Suite Setup	O	O	X
Suite Teardown	O	O	X
Test Setup	O	O	X
Test Teardown	O	O	X
Force Tags	O	O	X
Default Tags	X	O	X
Test Template	X	O	X
Test Timeout	X	O	X
Resource	O	O	O
Library	O	O	O
Variables	O	O	O

续表

	测试工程	测试套件	资源文件
*** Variables ***	O	O	O
定义变量	O	O	O
*** Test Cases ***	X	M	X
测试用例名称	X	M	X
[Documentation]	X	O	X
[Tags]	X	O	X
[Setup]	X	O	X
[Template]	X	O	X
[Timeout]	X	O	X
steps	X	M	X
[Teardown]	X	O	X
*** Keywords ***	O	O	O
Keyword_Name	M	M	M
[Arguments]	O	O	O
[Documentation]	O	O	O
[Tags]	O	O	O
[Timeout]	O	O	O
steps	M	M	M
[Teardown]	O	O	O
[Return]	O	O	O

3.2.2　文件格式

Robot Framework 支持的文件格式包括 ROBOT、TXT、TSV 和 HTML，但是从 3.1 版本开始默认使用 ROBOT 格式。如果使用其他格式文件，需要在执行测试用例时采用 "--extension <格式>" 告诉 Robot 命令用什么格式解释测试数据。示例如下。

```
robot --extension txt /path/to/testdata
```

文件格式是不区分大小写的，txt 和 TXT 都可以使用。如果有多种格式的测试文件，可以用冒号（:）分隔。示例如下。

```
--extension txt:tsv
```

后续的 Robot Framework 版本可能会只支持 ROBOT 格式，所以建议尽量使用 ROBOT 格式。不管用什么格式保存文件，在 RIDE 界面上看到的测试用例都用统一的表格形式展现。然而，如果用其他工具打开，显示的结果会不一样。

ROBOT 和 TXT 都是文本格式，各个元素之间用 4 个空格分隔。例如，hello_RF 使用 TXT

或 ROBOT 格式，其测试数据如下。

```
*** Settings ***
Documentation         我的第一个 Robot Framework 测试用例

*** Test Cases ***
case 1
    ${myChar}      Set Variable        Hello Robot Framework
    Log        ${myChar}
    Should Be Equal As Strings        ${myChar}       Hello Robot Framework
```

如果使用 TSV 格式，测试数据如图 3-21 所示。

```
  1  *Settings*                                                    CRLF
  2  Documentation→我的第一个Robot Framework 测试用例
  3                                                                CRLF
  4  *Test Cases*                                                  CRLF
  5  case 1→${myChar}→Set Variable→Hello Robot Framework
  6  →Log→${myChar}
  7                                                                CRLF
  8  →Should Be Equal As Strings→${myChar}→Hello Robot Framework
```

图 3-21　TSV 格式的测试数据

测试数据之间不以 4 个空格分隔，而以一个制表符分隔。

如果使用 HTML 格式，测试数据如图 3-22 所示。

hello RF

Settings				
Documentation	我的第一个Robot Framework 测试用例			

Test Cases				
case 1	${myChar}	Set Variable	Hello Robot Framework	
	Log	${myChar}		
	Should Be Equal As Strings	${myChar}	Hello Robot Framework	

图 3-22　HTML 格式的测试数据

看上去 HTML 格式的测试文件非常整齐和美观，为了达到这种美观的效果，Robot Framework 自动在背后添加了很多内容。从源码层级来看，ROBOT、TXT 和 TSV 格式和上面显示的一样，但是 HTML 格式就复杂多了。这个 HTML 格式的 hello RF 的源代码如下。

```
<!DOCTYPE HTML PUBLIC "-//W3C//DTD HTML 4.01 Transitional//EN">
<html>
<head>
<meta http-equiv="Content-Type" content="text/html; charset=utf-8" />
```

```
<style type="text/css">
html {
  font-family: Arial,Helvetica,sans-serif;
  background-color: white;
  color: black;
}
table {
  border-collapse: collapse;
  empty-cells: show;
  margin: 1em 0em;
  border: 1px solid black;
}
th, td {
  border: 1px solid black;
  padding: 0.1em 0.2em;
  height: 1.5em;
  width: 12em;
}
td.colspan4, th.colspan4 {
    width: 48em;
}
td.colspan3, th.colspan3 {
    width: 36em;
}
td.colspan2, th.colspan2 {
    width: 24em;
}
th {
  background-color: rgb(192, 192, 192);
  color: black;
  height: 1.7em;
  font-weight: bold;
  text-align: center;
  letter-spacing: 0.1em;
}
td.name {
  background-color: rgb(240, 240, 240);
  letter-spacing: 0.1em;
}
td.name, th.name {
  width: 10em;
}
</style>
<title>hello RF</title>
</head>
<body>
```

```html
<h1>hello RF</h1>
<table border="1" id="setting">
<tr>
<th class="name" colspan="5">Settings</th>
</tr>
<tr>
<td class="name">Documentation</td>
<td class="colspan4" colspan="4">我的第一个 Robot Framework 测试用例</td>
</tr>
<tr>
<td class="name"></td>
<td></td>
<td></td>
<td></td>
<td></td>
</tr>
</table>
<table border="1" id="testcase">
<tr>
<th class="name" colspan="5">Test Cases</th>
</tr>
<tr>
<td class="name"><a name="test_case 1">case 1</a></td>
<td>${myChar}</td>
<td>Set Variable</td>
<td>Hello Robot Framework</td>
<td></td>
</tr>
<tr>
<td class="name"></td>
<td>Log</td>
<td>${myChar}</td>
<td></td>
<td></td>
</tr>
<tr>
<td class="name"></td>
<td>Should Be Equal As Strings</td>
<td>${myChar}</td>
<td>Hello Robot Framework</td>
<td></td>
</tr>
</table>
</body>
</html>
```

测试文件一般放在版本控制工具（如 SVN 或 GIT）里。如果用 HTML 格式保存文件，在版本控制工具里就难以比较两个版本之间的改动。从减少维护的成本角度考虑，不推荐使用 HTML 格式保存文件。

不管用什么格式保存测试文件，我们在 RIDE 中看到的都是统一的界面，如图 3-23 所示。

所以，从美观的角度来说，HTML 格式也丧失了优势。借助 RIDE，其他文件格式也可以像 HTML 格式一样以表格的形式展现测试数据。

在本书中，为了排版美观，有时会使用表格格式，有时会使用文本格式。不管用什么格式，其本质都是一样的。

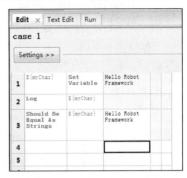

图 3-23　RIDE 中展示测试文件的统一界面

3.2.3　变量

Robot Framework 中的变量和 Python 中的变量一样，没有整型、浮点型、字符型这样的类型定义。变量不需要事先声明，但是使用前需要先赋值。变量可以在 Test Suite 或 Resource 里预先定义并赋值，也可以在 Test Cases 里在运行时赋值。

1. Scalar 变量

Robot Framework 的 Scalar 变量用符号 "${}" 表示，这是一种单一赋值变量。

在 Test Suite 里赋值。

```
*** Variables ***
${v1}          1
${v2}          abc
${v3}          1.5


*** Test Cases ***
Scalar_TestCase
    Log    ${v1}, ${v2}, ${v3}
```

输出结果如下。

```
1, abc, 1.5
```

在 Test Cases 里赋值。

```
*** Test Cases ***
Scalar_TestCase
```

```
${var1}     Set Variable    Hello
${var2}     Set Variable    ${var1}, world!
${v1}       Set Variable    overwrite
```

变量的值如下。

```
${var1} = Hello
${var2} = Hello, world!
${v1} = overwrite
```

如果一个变量在 Test Suite 里已经有初始值，在 Test Cases 里用 Set Variable 将覆盖原有值，或可以理解为在 Test Cases 里创建了一个新的同名的临时变量。如上例中变量${v1}在 Test Suite 里的值为 1，在 Test Cases 里的值为 overwrite，最后执行 Test Cases 的时候，输出的值就是 overwrite。但是其作用域仅为这 Scalar_Test Case，其他 Test Cases 里变量${v1}的值仍然为 1。

2. List 变量

Scalar 变量是某一个具体的值，而 List 变量相当于一系列的 Scalar 变量放在一起而构成的列表。List 变量用符号"@{}"表示，它和 Scalar 变量一样，可以在 Test Suite 或 Test Cases 里赋值和使用。

在 Test Suite 里定义 List 变量的示例如下。

```
*** Variables ***
@{list_suite}       1   2   3   4   5

*** Test Cases ***
List_Suite_TestCase
    Log     第一个：@{list_suite}[0]
    Log     第三个：@{list_suite}[2]
    Log     倒数第一个：@{list_suite}[-1]
    Log     倒数第三个：@{list_suite}[-3]
```

输出结果如下。

```
第一个：1
第三个：3
倒数第一个：5
倒数第三个：3
```

在 Test Cases 里定义 List 变量的示例如下。

```
*** Test Cases ***
List_Case_TestCase
```

```
    [Documentation]        #用 BuiltIn 库的 Set Variable 创建
    @{list_case}      Set Variable    1    2    3    #用 Set Variable 关键字赋值，@{list_case}=
    #[1,2,3]
    @{list_case2}     Set Variable    @{list_case}    4    5    #Set Variable 里可以带 List。
    #@{list_case2}=[1,2,3,4,5]
    Log       ${list_case2}    #输出所有元素。
```

运行结果如下。

```
INFO : @{list_case} = [ 1 | 2 | 3 ]
INFO : @{list_case2} = [ 1 | 2 | 3 | 4 | 5 ]
INFO : ['1', '2', '3', '4', '5']
```

用 Collections 库的 Create List 创建，用 Append To List、Insert Into List 添加元素，用 Remove From List、Remove Values From List 删除元素。

```
*** Settings ***
Library    Collections    #导入 Robot Framework 自带的 Collections 库，这个库专门用来处理 List 和 Dictionary

*** Test Cases ***
List_Case_TestCase2
    [Documentation]        #用 Collections 库的 Create List 创建，用 Append To List、Insert Into List
    #添加元素，用 Remove From List、Remove Values From List 删除元素
    @{list_t}       Create List    0       #用 Create List 关键字创建一个 List 变量，可以为空，也可以现在
    #就赋值，@{list_t} = [ 0 ]
    Append To List      ${list_t}    1    2       #往 List 里添加元素，@{list_t} = [0,1,2]
    Log    First Log: list_t=${list_t}
    Insert Into List    ${list_t}    0    a       #@{list_t} = [a,0,1,2]
    Log    Second Log: list_t=${list_t}
    Insert Into List    ${list_t}    -1    b      #@{list_t} = [a,0,1,b,2]
    ${var}    Remove From List    ${list_t}    1  #${var}=0, @{list_t} = [a,1,b,2]
    Log    Third Log: var=${var} list_t=${list_t}
    Remove Values From List    ${list_t}    a    b    1    #@{list_t} = [2]
    Log    Fourth Log: list_t=${list_t}
```

运行结果如下。

```
INFO : @{list_t} = [ 0 ]
INFO : First Log: list_t=['0', '1', '2']
INFO : Second Log: list_t=['a', '0', '1', '2']
INFO : ${var} = 0
INFO : Third Log: var=0 list_t=['a', '1', 'b', '2']
INFO : Fourth Log: list_t=['2']
```

从其他 List 复制。

```
*** Settings ***
```

```
Library     Collections        #导入Robot Framework自带的Collections库,这个库专门用来处理List和Dictionary

*** Test Cases ***
List_Case_TestCase3
    [Documentation]        #用Collections库的Copy List,或BuiltIn库的Set Variable
    @{list_1}    Create List      1    2    3
    @{list_2}    Copy List        ${list_1}
    Log    First Log: list_2=${list_2}
    @{list_3}    Set Variable     @{list_2}    4    5
    Log    Second Log: list_3=${list_3}
    @{list_4}    Set Variable     ${list_2}    4    5
    Log    Third Log: list_4=${list_4}
```

运行结果如下。

```
INFO : @{list_1} = [ 1 | 2 | 3 ]
INFO : @{list_2} = [ 1 | 2 | 3 ]
INFO : First Log: list_2=['1', '2', '3']
INFO : @{list_3} = [ 1 | 2 | 3 | 4 | 5 ]
INFO : Second Log: list_3=['1', '2', '3', '4', '5']
INFO : @{list_4} = [ ['1', '2', '3'] | 4 | 5 ]
INFO : Third Log: list_4=[['1', '2', '3'], '4', '5']
```

要复制一个List,可以用Copy List,也可以用BuiltIn库里的关键字Set Variable。要注意的是,在Set Variable后面用@{}和${}复制出来的List是不一样的。@{}真正地复制了一个List,而${}把List当作二维数组来处理了。

3. Dictionary变量

Robot Framework的Dictionary变量和Python的Dictionary变量类似,定义的是键值对列表。Python定义Dictionary变量的语法是d = {"name":"tony", "age":"18"}。而RF用"&{}"表示一个变量是Dictionary类型的。

在Test Suite里定义Dictionary变量的示例如下。

```
*** Variables ***
&{dict}           name=tony      age=18

*** Test Cases ***
Dict_Suite_TestCase
    Log    &{dict}[name]     #输出所有key为name的值
    Log    ${dict.age}       #输出所有key为age的值
    Log    ${dict}           #以Scalar变量的表示方式输出整个Dictionary变量
```

运行结果如下。

```
INFO : tony
INFO : 18
INFO : {u'name': u'tony', u'age': u'18'}
```

Dictionary 变量有两种使用方法。一种是使用"[]",如&{dict}[name],另一种是${dict.key},如${dict.age}。

在 BuiltIn 库里没有关键字可以创建 Dictionary 变量,要处理 Dictionary 变量需要导入 Collections 库。在 Test Case 里定义 Dictionary 变量的示例如下。

```
*** Settings ***
Library    Collections      #导入 Robot Framework 自带的 Collections 库,这个库专门用来处理 List 和
                            Dictionary

*** Test Cases ***
Dict_Case_TestCase
    &{new_dict}    Create Dictionary    a=1    b=2
    Log    First Log: new_dict=${new_dict}
    Set To Dictionary    ${new_dict}    c    3    #往 Dictionary 里添加键值对
    Log    Second Log: new_dict=${new_dict}
    ${var}    Pop From Dictionary    ${new_dict}    b    #从 Dictionary 中弹出指定的 key,返回
    #key 对应的 value
    Log    Third Log:var=${var}, new_dict=${new_dict}
    Remove From Dictionary    ${new_dict}    a    x    y    #从 Dictionary 中移除指定的 key,
    #如果找不到指定的 key,则忽略它而不报错
    Log    Fourth Log: new_dict=${new_dict}
    Keep In Dictionary    ${new_dict}    no_exist    #只保留 key 为"no_exist"的键值对,
    #这相当于清空 Dictionary 变量了
    Log    Fifth Log: new_dict=${new_dict}
```

运行结果如下。

```
INFO : &{new_dict} = { a=1 | b=2 }
INFO : First Log: new_dict={'a': '1', 'b': '2'}
INFO : Second Log: new_dict={'a': '1', 'b': '2', 'c': '3'}
INFO : ${var} = 2
INFO : Third Log:var=2, new_dict={'a': '1', 'c': '3'}
INFO : Removed item with key 'a' and value '1'.
INFO : Key 'x' not found.
INFO : Key 'y' not found.
INFO : Fourth Log: new_dict={'c': '3'}
INFO : Removed item with key 'c' and value '3'.
INFO : Fifth Log: new_dict={}
```

注意,上面的 List 或 Dictionary 变量的例子中有一些奇怪的用法,例如:

```
Log    First Log: list_2=${list_2}
```

```
Log     First Log: new_dict=${new_dict}
```

"list_2"与"new_dict"是我们刚定义的 List 和 Dictionary 变量,难道不应该用"@{}"和"&{}"表示吗?是的,这里没有写错,故意用了 Scalar 变量的表示方式"${}"。这就类似于 Python 的 str()强制转换函数,可以把几乎任何类型都转换成 string 类型。"${}"也能将其他类型的变量强制用标量形式解释。Log 关键字本身是不能直接输出 List 和 Dictionry 变量的,转换成 Scalar 变量后,就可以用 Log 输出了。

Log Many 是另一个和 Log 类似的内置关键字,它能用于输出整个 List 变量或 Dictionary 变量。如果用 Log 输出一个 List 变量,就会出现这样的错误。

```
FAIL : Keyword 'BuiltIn.Log' expected 1 to 5 arguments, got 0.
```

如果用 Log 输出一个 Dictionary 变量,就会出现这样的错误。

```
FAIL : Invalid log level '2'.
```

而 Log Many 就能很好地适配各种变量类型,并且一行只输出一个值或键值对。

关于"${}"强制转换和 Log Many 的示例如下。

```
LogMany_TestCase
    Log         ${dict}      #结果为{'name': 'tony', 'age': '18'}
    Log Many    &{dict}      #结果为 name=tony\n age=18
    Log Many    @{list_suite}#输出 List 变量,结果为 1\n2\n3\n\4\n\5
    Log         ${list_suite} #强制将 List 变量转换为 Scalar 变量,结果为 ['1', '2', '3', '4', '5']
    Log         &{dict}      #不能用 Log 输出 Dictionary 变量
```

运行结果如下。

```
INFO : {'name': 'tony', 'age': '18'}''
INFO : name=tony
INFO : age=18
INFO : 1
INFO : 2
INFO : 3
INFO : 4
INFO : 5
INFO : ['1', '2', '3', '4', '5']
FAIL : Keyword 'BuiltIn.Log' expected 1 to 5 arguments, got 0.
```

4.多个变量混合赋值

除了给单个变量赋值外,还可以一次给多个变量赋值,并且变量不需要全是 Scalar 或 List 类型的。可以一次将一个列表样式的值赋给多个 Scalar 变量、一个 List 变量,或同时赋给这两种变量。

多个变量混合赋值的示例如下。

```
Multiple_Variable_TestCase
    ${v1}       ${v2}       ${v3}       Set Variable    aa      bb      cc
    ${first}    @{rest}                 Set Variable    aa      bb      cc
    @{before}   ${last}                 Set Variable    aa      bb      cc
    ${begin}    @{middle}   ${end}      Set Variable    aa      bb      cc
```

各个变量的值如下。

```
INFO : ${v1} = aa
INFO : ${v2} = bb
INFO : ${v3} = cc
INFO : ${first} = aa
INFO : @{rest} = [ bb | cc ]
INFO : @{before} = [ aa | bb ]
INFO : ${last} = cc
INFO : ${begin} = aa
INFO : @{middle} = [ bb ]
INFO : ${end} = cc
```

多个变量混合赋值需要注意以下两点。

（1）如果需要赋值的 Scalar 变量的个数多于或少于可取的值，那么赋值将失败。

（2）Dictionary 变量不能和 Scalar 或 List 变量混合赋值，Dictionary 变量只能单独赋值。

5．变量的作用域

根据作用域，变量可分为全局有效的变量、测试套件内（不包括子测试套件）有效的变量、测试用例内有效的变量以及局部临时变量。

全局有效的变量在整个测试工程运行期间都可以直接使用。

Test Suite 里预先定义的变量在这个 Test Suite 的所有测试用例中都可用。

在 Test Cases 里赋值的变量的作用域仅为对应用例。

局部临时变量指一些临时使用的变量，如表示返回值的变量只在某个关键字范围内有效。

关于变量作用域的示例如下。

```
*** Test Cases ***
First_TestCase
    ${var}      Set Variable    Hello,world!
Second_TestCase
```

```
        Log     var=${var}
```

输出的日志如下。

```
FAIL : Variable '${var}' not found.
```

为了扩大 Test Cases 里定义的变量有效范围，BuiltIn 库提供了下面两个关键字。

- Set Suite Variable：变量的有效范围扩大为全测试套件。
- Set Global Variable：变量的有效范围扩大为整个测试工程。

这两个关键字不仅可以修改任何一种变量的作用域，还可以直接创建作用域为测试套件的变量或全局变量。

扩大作用域到测试套件的示例如下。

```
*** Test Cases ***
Extend_Scope_First_TestCase
    ${var}      Set Variable     Hello,world!
    @{list}     Set Variable     1    2    3    4    5
    &{dict}     Create Dictionary    name=tony    age=18    gender=male
    Set Suite Variable    ${var_new}    a new scalar created in case 1    #创建一个作用域为
    #测试套件的变量
    Set Suite Variable    &{dict_new}    a=1    b=2    c=3
    Set Suite Variable    ${var}    #将 Scalar 局部变量的作用域扩大到测试套件
    Set Suite Variable    @{list}   #将 List 局部变量的作用域扩大到测试套件
    Set Global Variable   &{dict}   #将 Dictionary 局部变量的作用域扩大到整个测试工程

Extend_Scope_Second_TestCase
    Log     ${var}
    Log     ${list}
    Log     ${dict}
    Log     ${var_new}
    Log     ${dict_new}
```

输出的日志如下。

```
INFO : Hello,world!
INFO : ['1', '2', '3', '4', '5']
INFO : {'name': 'tony', 'age': '18', 'gender': 'male'}
INFO : a new scalar created in case 1
INFO : {'a': '1', 'b': '2', 'c': '3'}
```

一般来说，各个测试用例之间应该是互相独立的，在一个测试用例里设置变量后，在另一个测试用例里使用它会增加调试的难度，也让用例之间相互有了依赖。所以尽量避免使用 Set Suite Variable 和 Set Global Variable 改变变量的作用域。

6．内置变量

有些特殊的变量不用赋值，它本身就有某个或某些特定的值，这些变量叫作 Robot Framework 内置变量。

1）内置变量

为了让测试数据和具体的操作系统独立，Robot Framework 内置了一些变量来屏蔽具体系统，如表 3-2 所示。

表 3-2　　　　　　　　　　Robot Framework 内置的变量

变量	描述
${CURDIR}	当前测试数据文件所在的绝对路径，如 Windows 系统上是 C:\robot\test_case\，Linux/UNIX 系统上是/home/robot/testcase/
${TEMPDIR}	临时目录的绝对路径，如 Linux/UNIX 系统上是/tmp，Windows 系统上是 C:\Documents and Settings\<user>\Local Settings\Temp
${EXECDIR}	Robot Framework 执行测试用例的绝对路径，如 Windows 系统上是 C:\robot，Linux/UNIX 系统上是/home/robot
${/}	目录分隔符，如 Linux/UNIX 系统上是"/"，Windows 系统上是"\"
${:}	多个路径的分隔符，如 Linux/UNIX 系统上是":"（C:\a），Windows 系统上是";"（C;\b）
${\n}	换行符，如 Linux/UNIX 系统是"\n"，Windows 系统上是"\r\n"

2）自动变量

自动变量指的是一些随着 Robot Framework 测试用例执行过程自动赋值的变量。有些变量在执行过程中随时在变，有些变量不是整个执行周期里都可用，有些变量只有特定的条件下才有值。表 3-3 列出了这些自动变量。

表 3-3　　　　　　　　　　自动变量

变量	描述	生效范围
${TEST NAME}	当前测试用例的名字	测试用例
@{TEST TAGS}	当前测试用例的 Tag 列表（按字母序列排序）	测试用例
${TEST DOCUMENTATION}	当前测试用例的文档	测试用例
${TEST STATUS}	当前测试用例的执行状态，pass 或 fail	测试用例的 Teardown
${TEST MESSAGE}	当前测试用例执行失败后的错误消息	测试用例的 Teardown
${PREV TEST NAME}	前一个测试用例的名字，可能为空	任何地方
${PREV TEST STATUS}	前一个测试用例的执行状态，pass 或 fail。当没有前一个测试用例时为空	任何地方
${PREV TEST MESSAGE}	前一个测试用例执行失败后的错误消息	任何地方
${SUITE NAME}	当前测试套件的名字	任何地方
${SUITE SOURCE}	当前测试套件的绝对路径	任何地方
${SUITE DOCUMENTATION}	当前测试套件的文档	任何地方

续表

变量	描述	生效范围
&{SUITE METADATA}	当前测试套件的元数据	任何地方
${SUITE STATUS}	当前测试套件的执行状态，pass 或 fail	测试套件的 Teardown
${SUITE MESSAGE}	当前测试套件的执行信息，包括测试套件的统计数据	测试套件的 Teardown
${KEYWORD STATUS}	当前关键字的执行状态，pass 或 fail	关键字的 Teardown
${KEYWORD MESSAGE}	当前关键字执行失败后的错误消息	关键字的 Teardown
${LOG LEVEL}	当前的 Log 级别	任何地方
${OUTPUT FILE}	输出（XML）文件的绝对路径和文件名	任何地方
${LOG FILE}	Log（HTML）文件的绝对路径和文件名	任何地方
${REPORT FILE}	测试报告（HTML）文件的绝对路径和文件名	任何地方
${DEBUG FILE}	调试文件的绝对路径和文件名	任何地方
${OUTPUT DIR}	输出目录的绝对路径	任何地方

7. 特殊变量

1）数字

Robot Framework 默认的测试数据全是字符型的，即使输入的是一个数字，也将它当成一个字符串来处理。如果要明确表明输入的是数字，就要将数字用"${}"标注，如${123}、${3.14}。

这种表示方法支持科学记数法，如${-1e-4}指的是-0.0001。

此外，还可以用二进制、八进制或十六进制数来表示数字，只需在相应的数字前加 0b、0o 或 0x 即可，这里 b、o、x 是不区分大小写的，所以用 0B、0O、0X 也是可以的。例如：

```
${0b1011}=${11}
${0o10}=${8}
${0xff}=${255}
${0B1010}=${0XA}
```

Robot Framework 用${true}和${false}表示布尔型的数据。数据不区分大小写，所以${true}和${True}是一样的。

2）空格和空

有些时候，如果需要在测试数据中传递空格或空的参数，如某个关键字需要接受 3 个参数，但第二个参数可以没有值，或需要将某个变量清空，就可以给一个空格或空。Robot Framework 用${SPACE}表示空格，用${EMPTY}表示空。如果需要表示多个空格，还可以在 SPACE 后面直接乘以个数。例如，${SPACE*5} 表示 5 个空格，用传统的转义法表示为"\ \ \ \ \ "。

关于空变量的示例如下。

```
*** Test Cases ***
Test_empty_TestCase
    ${ret}    myKeyword    a    ${EMPTY}    c
    Log    ret=${ret}
    ${ret}    Set Variable    ${EMPTY}
    Log    ret=${ret}

*** Keywords ***
myKeyword
    [Arguments]    ${arg1}    ${arg2}    ${arg3}
    Log    ${arg1} | ${arg2} | ${arg3}
    ${ret}    Set Variable    ${arg1}
    [Return]    ${ret}
```

输出的日志如下。

```
INFO : a | | c
INFO : ret=a
INFO : ret=
```

在 Java 里一般用 NULL 表示空，在 Python 里则用 NONE 表示空。Robot Framework 用 ${null} 和 ${none} 表示 Java 与 Python 中返回为空的情况。例如，有一个用 Python 写的关键字"GetValue"（属于用户扩展库函数），要判断它返回的值是不是 NONE，可以在 Robot Framework 里使用如下语句。

```
${ret}    GetValue    arg
    Should Be Equal    ${ret}    ${none}
```

3）日期和时间

Robot Framework 有自己的时间格式。可以只用一个简单的数字表示时间，单位默认为秒。这里的数字可以是真实的数字，也可以是字符串形式的数字，如${10}s 和 10s 是一致的。

如果时间比较长，用秒来表示就不那么易读。这个时候可以用特殊的时间格式的字符串来表示。Robot Framework 支持的时间字符串如下。

- days, day, d；
- hours, hour, h；
- minutes, minute, mins, min, m；
- seconds, second, secs, sec, s；

- milliseconds, millisecond, millis, ms。

数字可以包含小数点，甚至可以是负数。时间字符串不区分大小写。可以忽略时间中的所有空格。

下面给出一些例子。

```
1 min 30 secs = 1m 30sec = 1m30s
2 days 3 hours=2d3h
-30min
```

4）变量内的变量

Robot Framework 的变量名甚至可以动态生成，例如，${${name}_Home}表示动态生成的变量内的变量，其中${name}也是一个可变的变量。

关于变量内的变量的示例如下。

```
Variable_in_Variable_TestCase
    ${John Home }    Set Variable    /home/john
    ${Alice Home }   Set Variable    /home/alice
    ${name}    Set Variable    John
    Log    ${${name} Home}
```

输出的日志如下。

```
INFO : /home/john
```

3.2.4 变量文件

虽然可以用 Set Global Variable 和 Set Suite Variable 改变定义在测试用例或测试套件里的变量作用域，但是散落在各个文件里的而被设置成 Global 或 Suite 的变量使得阅读和调试更加困难，维护成本也变得高昂。变量文件提供了一种集中式的变量管理方式。变量文件是 Python 代码的一种格式，除定义简单的静态变量外，它还可以定义动态变量或更复杂的对象。

1. 直接定义简单变量

变量文件其实就是一个 Python 模块，除以下划线（_）开头的变量是隐藏的变量外，其他变量可以被 Robot Framework 识别。变量名是区分大小写的。对于全局变量，推荐用全大写表示。示例如下。

```
VARIABLE = "An example string"
ANOTHER_VARIABLE = "This is pretty easy! "
INTEGER = 42
STRINGS = ["one", "two", "three", "four"]
NUMBERS = [1, INTEGER, 3.14]
```

```
MAPPING = {"one": 1, "two": 2, "three": 3}
```

上面的变量文件里前两个是 Scalar 变量，第三个是数字变量，然后是两个 List 变量，最后一个是 Dictionary 变量。但是所有的变量都用 Scalar 变量的表示方式来命名。这是 Python 的表示方式，在 Robot Framework 中使用的时候要再加上识别符号，如${VARIABLE}、@{STRINGS}、&{MAPPING}。

为了明确表示变量的类型，在 Robot Framework 变量文件里可以对 List 和 Dictionary 变量加相应的前缀"LIST__"或"DICT__"。"__"是两条下划线。例如：

```
LIST__STRINGS = ["one", "two", "three", "four"]
DICT__MAPPING = {"one": 1, "two": 2, "three": 3}
```

这些前缀不是变量名的一部分，在 Robot Framework 里使用变量的时候要去掉这些前缀，而直接使用@{STRINGS}和 &{MAPPING}。加了这样的前缀后，Robot Framework 导入变量文件时会审查变量的合法性，以确定这些变量是否被赋予了合法的 List 或 Dictionary 类型的值。

2. 定义动态变量

由于变量文件是真实的 Python 模块，因此能够动态地设置变量。

```python
import random
import time

RANDOM_INT = random.randint(0, 10)      # [0,10]的随机数
CURRENT_TIME = time.asctime()           # 当前时间，例如 'Thu Mar  7 12:45:21 2019'
if time.localtime()[3] > 12:
    AFTERNOON = True
else:
    AFTERNOON = False
```

上例中定义了 3 个变量 RANDOM_INT、CURRENT_TIME 和 AFTERNOON。每次运行程序时，这些变量都可能取不一样的值。

3. 带参数的变量文件

变量文件里的变量还可以根据使用者传入的参数不同而赋予不同的值。示例如下。

```python
import math as _math
def _get_area(diameter):
    radius = diameter / 2.0
    area = _math.pi * radius * radius
    return area
```

```
AREA = _get_area(arg)
```

arg 是引用变量文件时传入的参数（圆的直径），area 变量会根据传入圆的直径计算出圆的面积并赋给 AREA 变量。

4．变量文件的使用

所有的测试数据文件（测试工程的 __init__ 文件、测试套件文件、资源文件）都可以在设置（*** Settings ***）部分用"Variables"关键字引用变量文件。被引用的变量文件如果没有指定路径，首先会在引用的测试数据文件的同级目录中查找，如果找不到，则会在 Python 定义的库搜索路径里查找。示例如下。

```
*** Settings ***
Variables       myvariables.py
Variables       ../data/variables.py
Variables       ${RESOURCES}/common.py
Variables       taking_arguments.py    arg1    ${ARG2}
```

除在测试数据文件的设置里引用变量文件外，还可以由 Robot Framework 命令行在运行时通过参数（--variablefile）传入，这样变量的作用域就是整个测试工程。示例如下。

```
--variablefile myvariables.py
--variablefile path/variables.py
--variablefile /absolute/path/common.py
--variablefile taking_arguments.py:arg1:arg2
```

3.2.5 Setup 和 Teardown

Robot Framework 的测试数据由测试工程、测试套件和测试用例这 3 级构成。这 3 级测试数据的设置部分中都可以包括 Setup 和 Teardown。Setup 指定在执行测试用例前需要执行的操作，如打开被测系统；而 Teardown 指定执行测试用例后或测试中途失败后需要执行的操作，如关闭被测系统。

Setup 和 Teardown 的语法如下。

关键字|参数 1|参数 2|…|参数 *n*

在 RIDE 中，在相应的测试工程、测试套件或测试用例上单击 Settings<<按钮即可看到 Setup 和 Teardown。在测试工程和测试套件里的 Setup 和 Teardown 如图 3-24 所示。

- Suite Setup：当进入一个目录或测试套件文件时执行的操作。

- Suite Teardown：当这个目录或测试套件里的所有测试用例都执行完后需要执行的操作。

- Test Setup：目录或测试套件里的每一个测试用例执行前需要执行的操作。
- Test Teardown：目录或测试套件里的每一个测试用例执行完后需要执行的操作。

在测试用例上单击 Settings << 按钮可以设置测试用例的 Setup 和 Teardown，如图 3-25 所示。

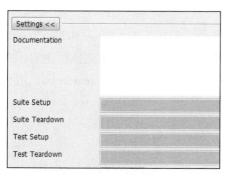

图 3-24　测试工程和测试套件里的 Setup 和 Teardown　　图 3-25　设置测试用例的 Setup 和 Teardown

- Setup：执行本测试用例之前执行的操作。
- Teardown：执行本测试用例后执行的操作。

下一级中设置的 Setup 或 Teardown 会覆盖上一级中的定义。例如，如果在目录上设置了 Setup，在其下的测试套件中也设置了 Setup，那么执行这个测试套件的时候，目录里的 Setup 就不会执行。如果测试用例中定义了 Setup 或 Teardown，那么执行这个测试用例的时候，就不会执行目录和测试套件里定义的 Test Setup 或 Test Teardown。

Setup 和 Teardown 里只能使用一个关键字及其参数，关键字和各个参数之间用竖线（|）分隔。当参数本身带有竖线时，用转义字符"\|"转义。如果要在 Setup 或 Teardown 里使用多个关键字，可以用 AND 连接多个关键字或重新创建一个关键字来包含需要调用的多个关键字。

示例如下。

```
*** Settings ***
Test Setup        Open Application      #程序 A
Test Teardown     Close Application

*** Test Cases ***
Default values
    [Documentation]    #执行测试套件中定义的 Setup 和 Teardown
    Do Something

Overridden setup
    [Documentation]    #执行自己的 Setup，Teardown 由测试套件里定义的关闭程序完成
    [Setup]    Open Application    #程序 B
```

```
    Do Something

No teardown
    [Documentation]        #执行测试套件里的 Setup，执行自己的 Teardown，这里 Teardown 定义为什么都不做
    Do Something
    [Teardown]
```

上面是一个关于测试套件文件的示例，在测试套件中定义了 Test Setup 和 Test Teardown，默认每个测试用例执行前都应该执行打开程序 A 的操作，每个测试用例执行完后，即可执行关闭程序的操作。但是在测试用例里，如果定义了自己的 Setup 或 Teardown，就会覆盖测试套件中的定义。

3.2.6 标签

Robot Framework 支持对测试用例设置标签，在运行时可以指定只运行有某一种或几种标签的测试用例。这是一种很智能的分类方法。例如，一个产品有成百上千个测试用例，全部运行一遍可能需要几小时甚至几天。如果每次提交代码后都运行所有的测试用例，将会使反馈周期相当漫长。这个时候可以把测试用例分类，并设置不同的标签。例如，对基本的测试用例设置 smoke 标签，对所有测试用例设置 regression 标签。这样每次提交代码时，可以指定只对拥有 smoke 标签的测试用例做冒烟测试。每天或发布新版本前对所有拥有 regression 标签的测试用例做回归测试。

不仅可以在某个具体的测试用例上设置标签，还可以在测试工程和测试套件中为所有测试用例都设置同一个标签。用 Force Tags 或 Default Tags 可以设置这种标签。

1．测试工程里的标签

在测试工程中，Force Tags 用于为测试工程及其子目录下的所有测试用例设置同一个标签。如果要为所有测试用例设置一个 regression 标签，我们不必在每一个测试用例上都设置该标签，只需要在产品顶层目录的 Force Tags 里填上 regression 即可。

2．测试套件里的标签

在测试套件中，Force Tags 用于使本测试套件里的所有测试用例拥有相同的标签，Default Tags 用于使本测试套件里那些没有明确设置任何标签的测试用例拥有相同的标签。

3．测试用例里的标签

在测试用例中，[Tags]用于为某一个具体的测试用例设置标签。

下面是一个简单的示例。在测试套件里设置 Force Tags 为 regression，设置 Default Tags 为 smoke（见图 3-26）。不管这个测试套件下的所有测试用例有没有设置自己的标签，都将强制为它们设置一个 regression 标签。如果没有设置任何标签，那么 smoke 标签也会默认加上，如图 3-27 所示。

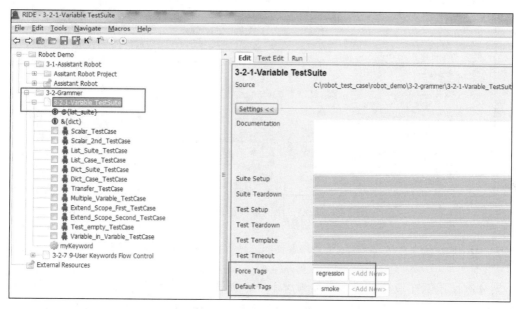

图 3-26　在测试套件里设置 Force Tags 和 Default Tags

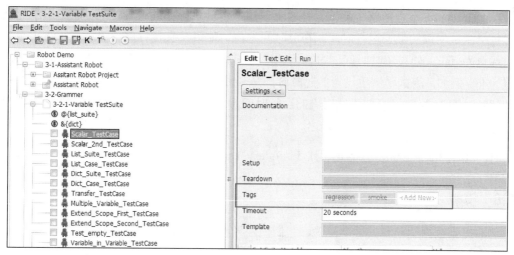

图 3-27　3-2-1-Variable TestSuit 下的测试用例将自动拥有测试套件里设置的标签

如果测试用例有自己的标签，那么 smoke 标签就不会加在这个测试用例上。比如，如果

3.2　测试数据的基本语法　　47

有一个测试用例需要花比较长的时间，不想让它在持续集成过程里运行冒烟测试，可以设置一个 not_in_ci 标签，如图 3-28 所示。

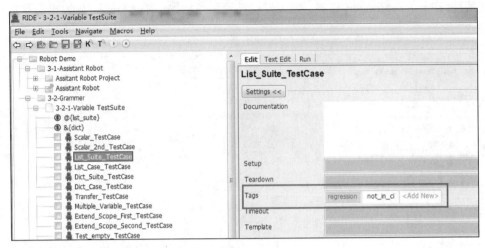

图 3-28　在测试用例里设置 not_in_ci 标签

3.2.7　超时设置

部分测试用例在设计过程中可能考虑不周，使得它占用较长时间甚至永远运行不完。Robot Framework 提供超时机制来强行终止现在运行的测试用例并将测试用例执行结果标记为 fail。超时可以设置在测试套件里，也可以设置在测试用例里。测试套件里设置的超时时间（Test Timeout）不是指整个测试套件中全部测试用例执行完的最长时间，而是指本测试套件里每个测试用例的最长运行时间。在此时间之内，如果没有执行完，就会强行终止，并将结果标记为 fail。如果超时时间同时在测试用例和测试套件里都设置了，那么以测试用例的设置为准。例如，测试用例里设置的超时时间是 3min，但是该测试用例所在的测试套件里设置的超时时间为 2min，即使测试用例的运行时间超过 2min 也不会马上终止，而是会继续运行或等到超时时间 3min 用完后才退出。

时间遵循 3.2.3 节讲述的格式，如 5 minute、1 min 30 sec。

3.2.8　模板

前面提到数据驱动和关键字驱动，它们是两种不同风格的自动化方法测试。

- 数据驱动：基于模块化的测试库，将数据与测试脚本分离。通过一系列测试数据可以覆盖不同的测试分支。一个驱动脚本可以执行多个相似测试，这样非常容易建立新测试。维护工作可以分离，测试人员负责数据，开发人员负责写测试库。

- 关键字驱动：将数据与关键字结合起来描述如何使用数据执行测试。测试用例总体上用关键字来组织和驱动。这种方法具备数据驱动的优势，同时非编程人员也能建立新测试。所有测试由同一个框架执行，不需要不同的驱动脚本。

Robot Framework 是关键字驱动的测试框架，从前面的章节中我们已经了解到了关键字的组织和编写方法，Robot Framework 测试用例的设计就是关键字的设计和使用。

其实，Robot Framework 支持数据驱动的测试用例设计。它是通过在测试套件或测试用例里定义测试模板来实现的。我们通过一个简单的例子来理解测试模板。

假如我们要对一个登录界面做测试，此界面上有两个文本框。一个是"用户名"，另一个是"密码"。此外，还有一个"登录"按钮。登录界面如图 3-29 所示。

要对这个登录界面做测试，用户名和密码有非常多的组合方式：

图 3-29　登录界面

- 正确用户名 + 正确密码；
- 正确用户名 + 错误密码；
- 不存在的用户名 + 合法密码；
- 空用户名 + 合法密码；
- 非法用户名 + 合法密码；
- 合法用户名 + 非法密码；
- 合法用户名 + 空密码。

如果用关键字驱动的方法编写测试用例，如下所示。

```
Invalid User Test Case
    input        ${id_of_user}       非法用户名
    input        ${id_of_passwd}     正确密码
    click button         ${id_of_login}
    main page cannot be open
Empty User Test Case
    input        ${id_of_user}       ${EMPTY}
    input        ${id_of_passwd}     正确密码
    click button         ${id_of_login}
    main page cannot be open
```

3.2　测试数据的基本语法　　49

......

如果用数据驱动的方法编写测试用例，如下所示。

```
*** Test Cases ***
Login UI Invalid Input Check Test Case
    [Template]    Invalid Login Check
    非法用户名      正确密码
    ${EMPTY}      正确密码
    合法用户名      错误密码
    合法用户名      ${EMPTY}
    ......

*** Keywords ***
Invalid Login Check
    [Arguments]    ${username}         ${passwd}
    input          ${id_of_user}       ${username}
    input          ${id_of_passwd}     ${passwd}
    click button   ${id_of_login}
    main page cannot be open
```

在关键字驱动的测试用例设计中，每一个测试用例用于测试用户名和密码的一种组合，每个测试用例里都需要重复使用关键字 input、click button 等。

在数据驱动的测试用例设计中，我们抽象出一个关键字 Invalid Login Check 作为模板来验证非法登录的测试组合。各种不同的用户名和密码的组合不再需要重复写测试用例，而只需将用户名和密码像数据字典一样罗列在表格中，来覆盖不同的数据驱动测试场景。

Robot Framework 的测试模板一般由一个关键字构成，可以将此关键字放到资源文件里。如果将测试模板放在测试套件文件里，那么这个测试套件里的所有测试用例只能按模板定义的格式罗列测试数据。由于一个测试套件由一个独立的文件构成，因此这个文件就是完全由数据构成的数据驱动测试文件。

3.2.9 用户关键字

Robot Framework 自带的测试库和各种第三方库里提供了大量的关键字，基于现有 Robot Framework 内置关键字和第三方提供的关键字创建的新关键字叫作用户关键字。一个用户关键字可以使用其他用户关键字。

Robot Framework 自带的测试库和第三方库提供的关键字是面向公共常用场景创建的。Robot Framework 测试设计是一种 ATDD 的开发模式，测试用例是依据用例（Use Case）来设计的，而不是根据运行的软件来设计的。测试用例的设计步骤尽量按照用例使用方法设计。可以把用户的每一步操作定义为一个用户关键字，这样可以很好地按用例来设计测试用例。

用户关键字可以在任何一种类型的测试文件里创建，包括测试工程/子目录初始化文件、资源文件和测试套件文件。关键字只在本文件范围内有效，一个测试套件文件无法直接引用另一个测试套件文件里的用户关键字，但是可以引用资源文件里的关键字。在文件中用"*** Keywords ***"表示这是关键字列表。关键字的语法和普通测试用例很像，只是在关键字里可以带输入和输出参数。Send_Message 和 Get_Reply 关键字的实现方式如下。

```
*** Keywords ***
Send_Message
    [Arguments]        ${msg}
    [Documentation]    向助理机器人发送命令关键字
    [Tags]     communicate
    Create File        ${questions_file}    ${msg}    UTF-8
    File Should Not Be Empty    ${questions_file}
    Log File           ${questions_file}

Get_Reply
    [Documentation]    接收助理机器人返回的消息关键字
    [Tags]     communicate
    ${ret}     ${output}    Run And Return Rc And Output    python ${assistant_robot}
    Should Be Equal As Integers    ${ret}    0
    Log File           ${answer_file}
    ${content}         Get File    ${answer_file}
    [Return]   ${content}
```

用户关键字的设置部分用方括号"[ ]"表示，可用的设置如下。

- [Documentation]：关于用户关键字的使用说明。

- [Tags]：给用户关键字设置标签，可以通过标签来查找相关的关键字。

- [Arguments]：用户关键字的参数列表。

- [Return]：用户关键字的返回值列表。

- [Teardown]：用户关键字执行完后或执行失败后需执行的操作。

- [Timeout]：用户关键字运行的超时时间。

在 RIDE 的测试工程、测试套件或资源文件上右击，选择 New User Keyword 选项，就可以新建用户关键字，如图 3-30 所示。

和测试用例的 Edit 选项卡相比，在用户关键字的 Edit 选项卡（见图 3-31）中少了 Setup 和 Template，但是多出了 Arguments 和 Return Value，用于接受输入和返回值。

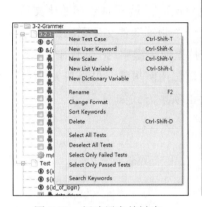

图 3-30　新建用户关键字

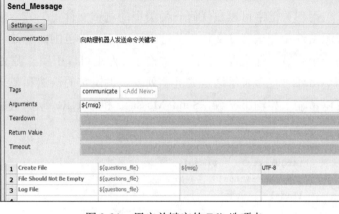

图 3-31　用户关键字的 Edit 选项卡

1．参数列表

对于大部分的用户关键字，需要传入参数。根据传入的参数，在相同的处理逻辑下输出不同的结果。

1）位置参数列表

最简单、最直观的参数是位置参数，即将各 Scalar 变量按位置一个一个列在参数列表里。示例如下。

```
*** Keywords ***
One Argument
    [Arguments]    ${arg_name}
    Log     传入的参数是  ${arg_name}

Three Arguments
    [Arguments]    ${arg1}      ${arg2}      ${arg3}
    Log     第一个参数：${arg1}
    Log     第二个参数：${arg2}
    Log     第三个参数：${arg3}
```

在使用这些用户关键字时将所有参数按格式和顺序传入即可。

```
*** Test Cases ***
Argument_TestCase
    One Argument     file_a.txt
    Three Arguments     号码     123456     file_a.txt
```

2）带默认值的参数列表

大部分情况下，位置参数列表已经足够使用，但是如果参数有默认值，有时会非常方便。参数的默认值用一个等号（=）表示。

```
*** Keywords ***
Argument With Default Value
    [Arguments]    ${arg1}    ${arg2}    ${arg3}=file_a.txt
    Log      在文件${arg3}中修改${arg1}的值为${arg2}


*** Test Cases ***
Default_Argument_TestCase
Argument With Default Value    号码    123456                 #修改默认的文件file_a.txt
    Argument With Default Value    号码    123456    file_b.txt    #修改另一个文件file_b.txt
```

上例中第三个参数${arg3}带默认值"file_a.txt"，使用这个关键字的时候，如果不填第三个参数，就使用默认值。

3）以 List 变量作为参数

关键字参数列表里除了可以传递 Scalar 变量之外，还可以传递 List 变量。示例如下。

```
*** Keywords ***
test_list_args_kw
    [Arguments]    ${arg1}    ${arg2}    @{arglist}
    Log       ${arg1}
    Log       ${arg2}
    Log Many    @{arglist}


*** Test Cases ***
List_Argument_TestCase
    test_list_args_kw    1    2    3    4    5    6    7
```

test_list_args_kw 取得的参数值如下。

```
${arg1}='1'
${arg2}='2'
@{arglist}=['3', '4', '5', '6', '7']
```

如果关键字参数里既有 Scalar 变量又有 List 变量，List 变量要放在 Scalar 变量的后面。如测试用例 List_Argument_TestCase 所示，将所有参数按标量一个一个传入，把前两个标量参数赋值完成后，把剩下的参数一起传递到@{arglist}变量。

4）以 Dictionary 变量作为参数

有时候被测系统接受的参数列表非常灵活。参数个数不确定，或有十几个甚至几十个参数，但是某次只有其中的几个参数需要传递值。这种关键字的参数怎么写呢？举一个例子来说明这样的参数定义。

```
*** Keywords ***
test_dict_args_kw
    [Arguments]     @{arg_list}    &{arg_dict}
    Run Process     myApp     @{arg_list}    &{arg_dict}

*** Test Cases ***
Dict_Argument_TestCase_1
    test_dict_args_kw    1    2    a=3    b=4

Dict_Argument_TestCase_2
    test_dict_args_kw    1    2    3    aa=4    bb=5
```

在上面两个测试用例里，@{arg_list}和&{arg_dict}的值分别是多少呢？

在 Dict_Argument_TestCase_1 测试用例里，它们的值如下。

```
@{arg_list}=['1', '2']
&{arg_dict}={'a': '3', 'b': '4'}
```

在 Dict_Argument_TestCase_2 测试用例里，它们的值如下。

```
@{arg_list}=['1', '2', '3']
&{arg_dict}={'aa': '4', 'bb': '5'}
```

对于这个被测系统来说，接受的参数个数不定，部分参数用 key=value 形式赋值。在 Dict_Argument_TestCase_1 测试用例里，我们将 1、2 传入前两个参数，将 a=3、b=4 作为 Dictionary 传给&{arg_dict}变量。而在 Dict_Argument_TestCase_2 测试用例里，我们将 1、2、3 传给前 3 个参数，将 aa=4、bb=5 作为 Dictionary 传给&{arg_dict}变量。

2. 关键字返回值

像大部分库函数一样，用户关键字可以有返回值。返回值可以将变量放在[Return]字段里，也可以用 BuiltIn 库函数提供的关键字 Return From Keyword 或 Return From Keyword If 显式返回。

用[Return]返回的示例如下。

```
*** Keywords ***
add_two_number_kw
    [Arguments]    ${arg1}    ${arg2}
    ${result}    Evaluate    ${arg1}+${arg2}
    [Return]    ${result}

*** Test Cases ***
Return_Value_Testcase_1
```

```
    ${result}       add_two_number_kw       1       2
    Log        ${result}
```

用 BuiltIn 库函数提供的关键字返回的示例如下。

```
*** Keywords ***
add_two_number_kw
    [Arguments]      ${arg1}        ${arg2}
    ${result}     Evaluate      ${arg1}+${arg2}
    Return From Keyword      ${result}
    Comment       后面的语句将不执行

find_index_kw
    [Arguments]      ${element}      @{items}
    ${index}      Set Variable      ${0}
    :FOR     ${item}      IN      @{items}       #用 FOR 循环查找${element}在${items}列表里的位置
    \    Return From Keyword If      '${item}' == '${element}'      ${index}      #如果找到${element},
    #就立刻退出循环，并返回其在列表@{items}里的位置
    \    ${index}      Set Variable      ${index + 1}
    Return From Keyword      ${-1}       #如果没找到，就返回-1

*** Test Cases ***
Return_Value_Testcase_1
    ${result}       add_two_number_kw       1       2
    Log        ${result}      #值为 3
Return_Value_Testcase_2
    ${result}      find_index_kw      me      [can|you|find|me|?]
    Log        ${result}      #me 在数组里的位置为 3
```

Return From Keyword 返回指定的变量，只有满足判断条件，Return From Keyword If 才执行返回操作。一旦返回操作执行，关键字即退出执行，后面的语句将不再执行。

3．关键字 Teardown

在关键字里还有一个字段——[Teardown]。和测试套件或测试用例的 Teardown 类似，关键字执行成功或失败后，需要执行的操作可以放在 Teardown 里。关键字 Teardown 的语法和测试用例一致，参数列表与关键字以及各个参数之间用竖线分隔。

```
*** Keywords ***
check_log_file_kw
    [Arguments]      ${logfile}
    Open File      ${logfile}
    Do Something Here
    [Teardown]      Close File      ${logfile}
```

在这个关键字里，打开了一个文件进行一些检查和操作，如果中途出现异常，文件可能

没有及时释放而使其余的关键字执行异常。这种情况下可以在 Teardown 里将文件关闭。

3.2.10 资源文件

有些用户关键字和变量比较通用，可以同时适用于多个测试套件。这种情况下，我们可以把这些关键字和变量用单独的一个文件或多个文件统一存放起来，所有测试套件可以引用这些文件来导入通用的关键字和变量。这些文件叫作资源文件。

资源文件和测试用例文件很相似，只是其中只有关键字和变量，不能包含测试用例。

1. 资源文件的使用

所有的测试数据文件（测试工程、测试套件、资源文件）可以在设置部分用"Resource"引用资源文件。对于被引用的资源文件，如果没有指定路径，首先会在引用的测试数据文件的同级目录中查找。如果找不到，会在 Python 定义的库搜索路径里查找。资源文件的路径可以是相对路径，也可以是绝对路径，路径还可以用变量来代替，以适应不同的路径设置需求。路径分隔符推荐用"/"或"${/}"以屏蔽操作系统的影响，在 Windows 系统上，它会自动转换成"\"。

```
*** Settings ***
Resource     myresources.tsv
Resource     ../data/resources.tsv
Resource     ${RESOURCES}/common.tsv
```

2. 资源文件的结构

资源文件的结构分为 3 个部分，分别是设置（***Settings***）部分、变量（***Variables***）部分和关键字（***Keywords***）部分。

设置部分包括以下几部分信息。

- Documentation：用来介绍资源文件的基本信息。
- Library：用来导入测试库或第三方测试库。
- Resource：用来导入其他资源文件。
- Variables：用来导入变量文件。

变量部分用于定义本资源文件范围内的临时变量，其中包括 Scalar、List、Dictionary 变量。

在关键字部分中可以添加用户自定义的关键字。当在测试套件里引用这个资源文件后，里面定义的关键字可以直接使用。

下面是前面章节介绍过的助理机器人的一个资源文件。设置部分有这个资源文件的文档描述和引用的库，变量部分定义了助理机器人使用的几个文件，关键字部分定义了发送和接收信息的关键字。

```
*** Settings ***
Documentation      这是一个与自动助理机器人通信的资源文件，定义与助理机器人之间的基本操作方法——发送问题，获取答案
Library            OperatingSystem

*** Variables ***
${questions_file}     ${CURDIR}/../assistant_robot/questions.txt
${assistant_robot}    ${CURDIR}/../assistant_robot/assistant_robot.py
${answer_file}        ${CURDIR}/../assistant_robot/answer.txt

*** Keywords ***
Send_Message
    [Arguments]    ${msg}
    Create File    ${questions_file}    ${msg}    UTF-8
    File Should Not Be Empty    ${questions_file}
    Log File    ${questions_file}

Get_Reply
    ${ret}    ${output}    Run And Return Rc And Output    python ${assistant_robot}
    Should Be Equal As Integers    ${ret}    0
    Log File    ${answer_file}
    ${content}    Get File    ${answer_file}
    [Return]    ${content}
```

RIDE 上可以通过右击某个目录或测试套件，然后选择 New Resource，创建一个资源文件，单击 Edit 选项卡（见图 3-32），即可编辑该文件。

图 3-32　Edit 选项卡

3.2　测试数据的基本语法　57

在 Edit 选项卡中，可以编辑 Documentation，导入库、资源、变量，添加各种类型的变量定义等。除此之外，还有一个 Find Usages 按钮，这个按钮可以用于查找整个测试工程里哪些地方引用了这个资源文件。

3.2.11 流程控制

分支和循环是任何一种编程语言的基本功能。自动化测试用例经常需要根据不同的条件执行不同的验证步骤，有时还需要循环执行相同的步骤。分支和循环是 Robot Framework 自动化测试框架支持的基本功能。

1. 分支

Robot Framework 中的分支通过 BuiltIn 库里的关键字 Run Keyword If 实现。

分支的语法如下。

```
Run Keyword If      条件1      Action 1
...    ELSE IF      条件2      Action 2
...    ELSE    Action 3
```

其中"..."是 Robot Framework 中的换行符，表示前一行的关键字还没书写完，换一行继续书写。将 ELSE 与 ELSE IF 分行书写是为了保持代码的美观和整洁。也可以把 ELSE IF 与 ELSE 写在一行里面，只是阅读起来比较困难。

```
*** Keywords ***
flow_control_if_kw
    [Arguments]      ${arg1}
    Run Keyword If       0<${arg1}<100      Return From Keyword     Middle Number
    ...    ELSE IF      ${arg1}==0      Return From Keyword      Zero
    ...    ELSE IF      ${arg1}<0      Return From Keyword      Negative Number
    ...    ELSE      Return From Keyword      Large Number

*** Test Cases ***
If_Control_Testcase
    ${ret}       flow_control_if_kw      -5       #${ret}的值为"Negative Number"
    ${ret}       flow_control_if_kw      0        #${ret}的值为"Zero"
    ${ret}       flow_control_if_kw      35       #${ret}的值为"Middle Number"
    ${ret}       flow_control_if_kw      300      #${ret}的值为"Large Number"
```

Robot Framework 的 If 分支和 Python 以及大多数编程语言基本一致。注意，换行时 ELSE 前要加"..."。另外，Robot Framework 中的条件判断和 Python 中的条件判断格式类似，可以使用"<"">""=="">=""!=""is""is not"等。

除了 Run Keyword If 之外，BuiltIn 库里还提供了其他用于分支的关键字。

- Run Keyword Unless：当指定的条件不满足时，执行后面的关键字。
- Set Variable If：当指定的条件满足时，设置变量的值。

可以参阅 Robot Framework 线上文档，也可以在 RIDE 里从菜单栏中选择 Tools→Search Keyword 或按 F5 键搜索 BuiltIn 库里所有带 If 或 Unless 的关键字，了解更多的分支控制用法。

2．循环

重复执行某个或某些关键字在自动化测试中是一种常用的场景，这种重复的执行叫作循环。Robot Framework 内置了":FOR"作为循环的保留关键字。":FOR"既可以用在测试用例中，也可以用在用户关键字中。

1）普通 FOR 循环

普通 FOR 循环的语法如下。

```
:FOR      ${item}      IN      Sequence
\         keyword
```

其中，":FOR"中的":"用于和普通的关键字相区分；FOR 循环中的临时变量"${item}"用于存储每次循环中取得的值；"IN"是一个固定关键字；"Sequence"是需要进行循环的列表。第二行中缩进一格才开始写关键字。注意，必须缩进一格。

```
FOR_Normal_TestCase
    : FOR      ${item}      IN      a      b      c      d
    …          e      f      g      h
    \          Log      ${item}
    @{list_var}      Set Variable      1      2      3      4      5
    : FOR      ${item}      IN      @{list_var}
    \          Log      ${item}
```

上例中第一个 FOR 循环将值列表直接放置在 IN 之后，如果太长，不能放在同一行中，可以在第二行开头用"…"表示继续上一行。每次取 IN 后面列表中的一个值并赋给${item}，然后输出。

第二个 FOR 循环在 IN 后面没有直接放置值列表，而是对一个 List 变量进行循环。每次取出 List 变量中的一个值并赋给${item}，然后将其输出。

2）FOR…IN…RANGE 循环

FOR…IN…RANGE 循环的语法如下。

```
:FOR      ${item}      IN RANGE      ${end}
\         Keyword
```

```
:FOR        ${item}       IN RANGE    ${start}    ${end}
\           keyword
:FOR        ${item}       IN RANGE    ${start}    ${end}      ${step}
\           keyword
```

将普通 FOR 循环的"IN"用"IN RANGE"代替，这样 Sequence 部分就不用将所有参数一一罗列，而只需指定从第几个开始到第几个结束。默认从第 0 个开始，每次加 1。另外，也可以通过指定"${start}""${end}"和"${step}"来明确指定开始编号、结束编号与间隔。示例如下。

```
FOR_IN_RANGE_TestCase
    :FOR      ${item}      IN RANGE    10
    \    Log      ${item}
    :FOR      ${item}      IN RANGE    1    10
    \    Log      ${item}
    :FOR      ${item}      IN RANGE    1    10    2
    \    Log      ${item}
```

上例中，第一个 FOR…IN…RANGE 循环中的${item}将依次取值 0～9。

第二个 FOR…IN…RANGE 循环中的${item}将依次取值 1～9。

第三个 FOR…IN…RANGE 循环中的${item}将依次取值 1，3，5，7，9。

3）FOR…IN…ENUMERATE 循环

FOR…IN…ENUMERATE 循环的语法如下。

```
:FOR      ${index}    ${item}      IN ENUMERATE    Sequence
\         Keyword
```

FOR…IN…ENUMERATE 循环不仅用${item}来存储每次循环取得的值，还用${index}来存储这个值在 Sequence 里的位置。

示例如下。

```
FOR_IN_ENUMERATE_TestCase
    @{list}     Set Variable    a    b    c    d
    :FOR    ${index}    ${item}    IN ENUMERATE    @{list}
    \    Log    ${item} at index ${index}
```

输出的日志如下。

```
INFO : a at index 0
INFO : b at index 1
INFO : c at index 2
INFO : d at index 3
```

4）FOR…IN…ZIP 循环

FOR…IN…ZIP 循环的语法如下。

```
:FOR       …      IN ZIP    Sequence1    Sequence2    …
\              Keyword
```

FOR…IN…ZIP 循环一次可以处理多个列表，这有助于处理几个关联的列表。示例如下。

```
FOR_IN_ZIP_TestCase
    ${header}     Set Variable     ID      Name     Score
    ${row1}       Set Variable     1       张三      80
    : FOR    ${header_item}    ${row1_item}     IN ZIP    ${header}    ${row1}
    \      Log     ${header_item}|${row1_item}
```

输出的日志如上。

```
INFO : ID|1
INFO : Name|张三
INFO : Score|80
```

5）嵌套 FOR 循环

在各种编程语言（如 Python、Java）里，通常会用到嵌套循环，即在第一层循环下，还有第二层、第三层等循环。但是 Robot Framework 的":FOR"循环不支持嵌套使用，因为第二行应该是关键字，而":FOR"不是一个合法的关键字。以下写法是错误的。

```
:FOR            ${row}          IN          @{table}
    :FOR          ${column}       IN          @{row}
        Log         ${column}
```

如果在自动化测试中必须使用双层或多层嵌套循环，该怎么办呢？我们有替代的方案——用户关键字。既然":FOR"循环下必须是关键字，那我们就创建一个关键字，在这个关键字里再写下一层的循环即可。

```
*** Test Cases ***
FOR_Nested_TestCase
    @{List1}     Create List     1     2     3
    @{List2}     Create List     a     b     c
    @{List3}     Create List     A     B     C
    @{Lists}     Create List     ${List1}     ${List2}     ${List3}
    :FOR    ${List}     IN     @{Lists}
    \     Second Loop     @{List}

*** Keywords ***
Second Loop
```

```
[Arguments]    @{list_arg}
:FOR    ${i}    IN    @{list_arg}
\    Log    ${i}
```

"FOR_Nested_TestCase"测试用例里首先创建了一个二维数组，数组里每一行都是一个List。在 FOR 循环中，每次读取二维数组的一行后，都将它存入${List} Scalar 变量中。然后将这个变量转换为 List 变量并传递给 Second Loop 关键字。关键字 Second Loop 接受一个 List 变量，并用 FOR 循环将这个 List 中的所有元素一一输出。

测试用例的运行结果如下。

```
INFO : @{List1} = [ 1 | 2 | 3 ]
INFO : @{List2} = [ a | b | c ]
INFO : @{List3} = [ A | B | C ]
INFO : @{Lists} = [ ['1', '2', '3'] | ['a', 'b', 'c'] | ['A', 'B', 'C'] ]
INFO : 1
INFO : 2
INFO : 3
INFO : a
INFO : b
INFO : c
INFO : A
INFO : B
INFO : C
```

6）退出循环

通常情况下，遍历队列里的所有值后，或中途出错时，循环才会退出。如果需要提前退出，可以用 BuiltIn 库里的关键字 Exit For Loop 和 Exit For Loop If。二者和普通编程语言中的 break 类似。示例如下。

```
FOR_EXIT_LOOP_TestCase
    @{t_list}    Create List    a    b    c    d    e
    :FOR    ${i}    IN RANGE    5
    \    Run Keyword If    '@{t_list}[${i}]'=='d'    Exit For Loop
    \    Log    @{t_list}[${i}]
```

FOR 循环遍历@{t_list}列表，当循环找到值 "d" 时，就退出循环，不再遍历后面的值。

输出的日志如下。

```
INFO : @{t_list} = [ a | b | c | d | e ]
INFO : a
INFO : b
INFO : c
```

```
INFO : Exiting for loop altogether.
```

7）继续执行循环

除了可以跳出当前循环之外，还可以提前终止当前迭代而取下一个值来继续执行循环。BuiltIn 库提供了关键字 Continue For Loop 和 Continue For Loop If 来继续执行循环。示例如下。

```
FOR_CONTINUE_TestCase
    @{t_list}    Create List    a    b    c    d    e
    : FOR    ${i}         IN RANGE    5
    \    Continue For Loop If    '@{t_list}[${i}]'=='d'
    \    Log    @{t_list}[${i}]
```

FOR 循环用于遍历@{t_list}列表，当循环找到值"d"时，就什么都不做，继续迭代下一个值。

输出的日志如下。

```
INFO : @{t_list} = [ a | b | c | d | e ]
INFO : a
INFO : b
INFO : c
INFO : Continuing for loop from the next iteration.
INFO : e
```

3.3 小结

本章主要讲解了 Robot Framework 测试数据。本章首先以一个助理机器人为例直观地讲解了一个简单测试工程的搭建和测试用例的设计以及实现。Robot Framework 测试数据的结构主要有测试工程及子目录、测试套件、用户关键字、变量定义、资源文件、变量文件等。

然后，本章详细讲解了 Robot Framework 的语法，包括 Scalar、List、Dictionary 这 3 种变量的定义和使用。其中 Scalar 和 List 变量可以互相强制转换。通过${}可以将 List 和 Dictionary 变量强制转换为 Scalar 变量。

除了这 3 种变量之外，Robot Framework 还提供了一些内置变量，如当前路径、当前测试用例名字、Log 路径等。此外，有些特殊的变量（如数字、布尔值、空格、日期和时间等）需要引起注意，它们有不同的表示方式。

Robot Framework 测试数据中有一些特殊的标记（如 Setup、Teardown、Tags、Timeout、

Template 等），用于影响测试用例的执行。

像大多数编程语言一样，Robot Framework 也支持 IF 分支和 FOR 循环，以满足不同的业务需求。其中 FOR 循环提供了 4 种不同风格的循环读取方式。FOR 循环本身不支持嵌套循环，但是我们可以用关键字来写下一层的循环。

第 4 章
执行 Robot Framework 测试用例

4.1 通过 IDE 运行测试用例

在编写测试用例的过程中，我们通常可以在 IDE 上单击 "运行"按钮来调试测试用例。以 RIDE 为例，它有一个直观的 Start 按钮，要运行哪个测试用例，就在左侧窗格中勾选相应的测试用例，然后单击 Start 按钮即可。图 4-1 所示是 RIDE 的运行界面，单击 Browse 按钮，在 Script to run tests 文本框中设置 robot.exe 所在位置，在 Arguments 文本框中指定日志的级别（INFO）、日志的输出路径和测试文件扩展名。

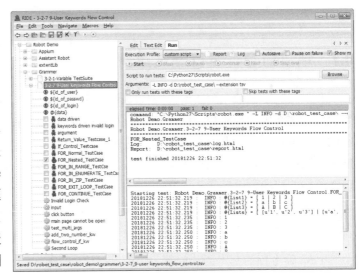

图 4-1　RIDE 的运行界面

执行完成后，勾选 Log 复选框可以看到详细的日志，如图 4-2 所示。

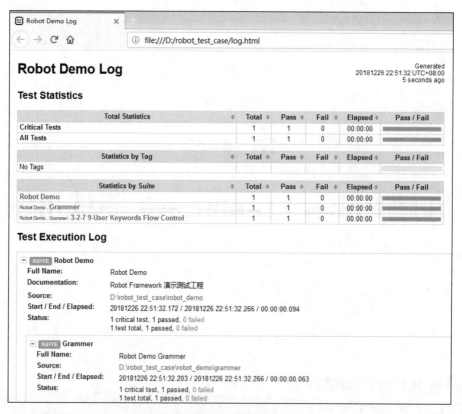

图 4-2　日志

4.2　通过命令行运行测试用例

我们编写了自动化测试用例，代码改动后，还需要手动打开 RIDE，单击 Start 按钮来触发运行，这是笨拙和费时的做法。测试人员不可能随时待命，等待开发人员提出用 RIDE 运行测试用例检查一下上一次的提交有没有影响其他功能。我们当然希望任何一次的代码改动都能自动触发代码编译，运行自动化测试用例，然后发布，这就是通常所说的持续集成测试。现在流行的持续集成工具（如 Bamboo、Hudson、Jenkins 等）都需要调用命令行来运行测试用例，而不是打开 RIDE 来运行。要利用持续集成工具，我们需要先学习 robot 命令行的运行方式。

robot 命令行的基本语法如下。

```
robot [options] 测试数据源
```

读者可能还见过有人使用的不是 robot，而是 pybot 或 jypot，其实它们都是一样的，归根结底都会进入 robot.run 这个入口。pybot、jypot 在 Robot Framework 3.0 后续的版本中会移除，不推荐继续使用它们。

命令行运行 Robot 的界面如图 4-3 所示。

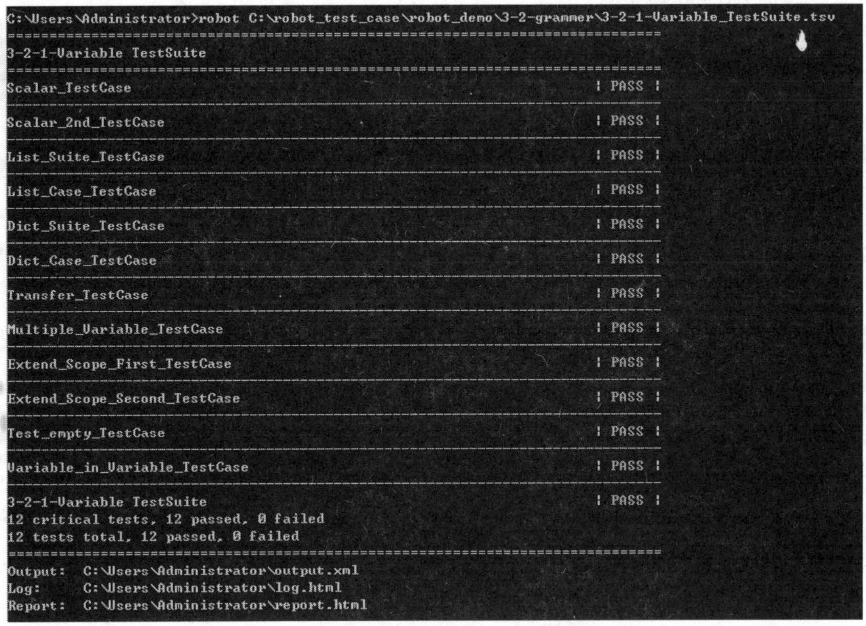

图 4-3　命令行运行 Robot 的界面

4.3　测试数据源

Robot Framework 测试数据由一个个测试文件组成，测试文件可以按需放在不同的层级目录结构中。测试数据源既可以是具体的测试文件，也可以是文件目录。当输入目录时，Robot 会自动寻找此目录及其子目录下的所有测试文件并一一执行。文件或目录路径既可以是相对路径，也可以是绝对路径。可以一次只指定一个文件或目录，也可以一次输入多个文件或目录。多个文件或目录之间用空格分隔。可以用"*"和"？"通配符指定某些文件。下面是一些示例。

```
robot tests.robot
robot c:\robot\my_tests
robot c:\robot\my_tests\tests.robot
robot my_tests_1.robot my_tests_2.robot
robot c:\robot\my_tests\abc*.robot
```

options 参数

robot 命令行提供了一系列的参数来控制怎么运行测试用例、输出什么测试结果。参数放置在 robot 脚本和测试数据源中间。用"-"（简写方式）或"--"（完整方式）来表示参数。例如，控制 Log 级别的参数如下。

```
robot -L debug my_tests.robot
robot --loglevel debug my_tests.robot
```

下面介绍几个常用的控制参数，完整的参数列表可以通过在安装 Robot Framework 的环境中执行"robot --help"查看。

1. Tag 参数

Tag 参数比较特别，也很常用。我们可以为一批测试用例设置同一个标签，以方便运行时选择不同的测试用例运行。如果一个系统中有成百上千个测试用例，全部运行完需要几小时，就可以选择一些最基本的测试用例，设置一个叫作 smoke 的标签，为其他测试用例设置 regression 标签。每次代码改动并提交后，只运行设置了 smoke 标签的测试用例，每天晚上做一个回归测试，以运行所有设置了 regression 标签的测试用例。这样既能快速迭代开发又能保证每天所有回归测试用例执行一次。Tag 参数用--include 或-i 表示选中，用--exclude 或-e 表示排除。标签名字中还可以使用"*""?"通配符以及"AND""&""OR""NOT"等逻辑符号。下面是一些示例。

```
--inlcude night*          # 以 night 开头标签的测试用例
--include fooANDbar       # 同时包含 foo 和 bar 两个标签的测试用例
--exclude xx&yy&zz        # 排除 xx、yy 和 zz 标签的测试用例
--include fooORbar        # 包含 foo 或 bar 标签的测试用例
--include fooNOTbar       # 包含 foo 但没有 bar 标签的测试用例
--include NOTfooANDbar    # 没有 foo 和 bar 标签的测试用例
--include xxNOTyyORzz     # 有 xx 标签但是没有 yy 或没有 zz 标签的测试用例
--include xxNOTyyANDzz    # 有 xx 标签但是没有 yy 和没有 zz 标签的测试用例
```

2. --critical 和--noncritical 参数

若有些测试用例的失败对软件的基本功能不会有太大的影响，我们依然可以将软件发布出去。有些测试用例却很关键，一旦失败就意味着软件的连基本功能都不能使用，我们不能发布这样的软件。--critical 和--noncritical 参数分别用来指定关键与非关键的测试用例，这两个参数后面跟的都是标签名字。示例如下。

```
#如果任何带 smoke 或 regression 标签的测试用例失败，就将整个测试结果标成 fail
robot --critical smoke --critical regression patch/to/my/tests/
```

```
#任何带 nomatter 标签的测试用例失败都不影响整个测试结果
robot --noncritical  nomatter  patch/to/my/tests/
```

3．--variable 参数

我们可以在参数列表里对变量赋值或指定一个包含变量列表的变量文件。如果在若干个测试环境中安装了被测系统，Robot Framework 会根据变量文件随机选择一个测试环境来运行测试用例。每个测试环境里有些东西可能是不一样的，如 IP 地址、登录账号、密码等。为了让测试用例在不同的测试环境上顺利运行，我们可以为每个环境生成一个变量文件，用于保存相关的信息。如果在运行时载入相应的变量文件，就能在不改变测试用例的基础上，让 Robot Framework 在不同的测试环境中运行。

--variable 参数的关键字如下。

```
-v --variable name:value
-V --variablefile path/to/filename
#运行时用"-v"给变量 VAR1 和 VAR2 赋值
robot -v VAR1:value1  VAR2:value2  patch/to/my/tests/

#运行时用"-V"载入 environment.py 里定义的所有变量
robot -V  environment.py  patch/to/my/tests/
```

4．参数文件

如果 options 比较多，全放在命令行会比较长，有可能超过操作系统允许的最大长度。Robot Framework 提供了文件参数来解决这个问题。参数--argumentfile(-A)表示使用文件参数。参数文件是一种文本文件。

参数文件的语法如下。

```
--doc 测试文档说明
--critical smoke
--critical regression
--variable VAR1:value1
--variable VAR2:value2
#参数文件里可以加注释
path/to/my/tests #测试数据所在的目录
```

参数文件可以包含所有 options 以及测试工程或套件，作为单一参数运行，也可以和其他参数文件或测试数据放在一起，作为多个参数运行。下面这些用法都是合法的。

```
robot --argumentfile all_arguments.txt
robot --name Example -A other_options_and_paths.txt
robot --argumentfile default_options.txt --name Example my_tests.tsv
robot -A first.txt -A second.txt -A third.txt tests.tsv
```

4.4 输出文件

Robot Framework 测试用例执行完后,会将执行步骤和结果存入由--outputdir(-d)参数指定的目录下。如果没有指定目录,会使用当前启动执行测试用例的目录。默认会生成 3 个文件,即 XML 文件、Log 文件、Report 文件。默认分别命名为 output.xml、log.html、report.html。Log 和 Report 文件是 HTML 格式的文件。

4.4.1 XML 文件

XML 文件包含执行的步骤、数据、开始时间、结束时间、执行结果等几乎所有的信息。

XML 文件 output.xml 默认在由--outputdir(-d)参数指定的目录下,也可以用--output(-o)参数指定输出路径和文件名,或用 NONE 表示不输出 XML 文件。

下面是一个简单的示例。

```
<?xml version="1.0" encoding="UTF-8"?>
<robot generated="20181110 20:02:34.165" generator="Robot 3.0.4 (Python 2.7.15 on win32)">
<suite source="C:\robot_test_case\robot_demo\3-2-grammer\3-2-1-Variable_TestSuite.tsv" id=
"s1" name="3-2-1-Variable TestSuite">
<test id="s1-t1" name="Scalar_TestCase">
<kw name="Set Suite Variable" library="BuiltIn">
<doc>Makes a variable available everywhere within the scope of the current suite.</doc>
<arguments>
<arg>${var1}</arg>
<arg>Hello</arg>
</arguments>
<msg timestamp="20181110 20:02:34.195" level="INFO">${var1} = Hello</msg>
<status status="PASS" endtime="20181110 20:02:34.195" starttime="20181110 20:02:34.195">
</status>
</kw>
……
```

4.4.2 Log 文件

和 XML 输出文件一样,Log 文件也包含执行的步骤、数据、开始时间、结束时间、执行结果等几乎所有的信息,只不过它使用 HTML 格式以结构化的方式呈现,便于阅读。

Log 文件 log.html 默认位于由--outputdir(-d)参数指定的目录下。可以用--log(-l)参数指定输出路径和文件名,或用 NONE 表示不输出 Log 文件。Log 文件如图 4-4 所示。

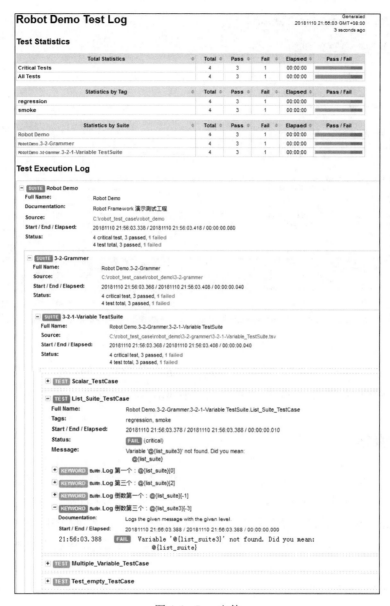

图 4-4　Log 文件

4.4.3　Report 文件

Report 文件是一种 HTML 格式的测试结果汇总形式的文件，提供了基于 Tags 和 Suites 选项卡分类的测试报告，分别用绿色和红色背景来表示整个测试是成功还是失败。图 4-5 所示为运行失败的测试报告。

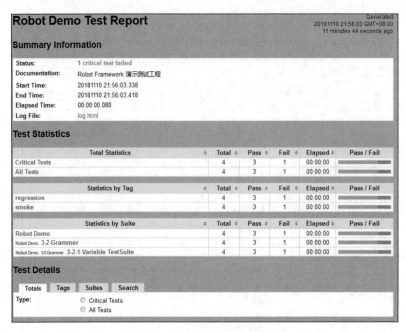

图 4-5　运行失败的测试报告

Report 文件 report.html 默认位于由--outputdir(-d)参数指定的目录下。可以用--report(-r)参数指定输出路径和文件名，或用 NONE 表示不输出 Report 文件。

4.5　执行流程

前面讲解过 Robot Framework 测试数据的结构，测试用例总是在某一个测试套件中，测试套件又在某一个测试目录中，测试目录可能还有子目录或父目录（其中包含其他测试套件）。Robot Framework 总是从最外层的测试套件开始执行，按测试用例的顺序执行测试套件里的所有测试用例，可以用--test、--suite、--include 和--exclude 等参数改变执行范围。

1．Setup 和 Teardown

在测试套件、测试用例、用户关键字中有时会定义 Setup 和 Teardown。Setup 里存放准备步骤，这些步骤在执行测试用例、测试套件或用户关键字前先执行。Teardown 里则存放执行完后的回收清理步骤。它们的执行顺序如下。

顶层目录的 Setup→第一个测试套件的 Setup→第一个测试用例的 Setup→第二个测试用例的 Setup→……→最后一个测试用例的 Setup→第一个测试套件的 Teardown→第二个测试套件的 Teardown→……→最后一个测试套件的 Teardown→子目录及其下面的测试套件的

Teardown→顶层目录的 Teardown

当测试用例执行失败后，剩下的本测试用例内的步骤会跳过，但是会执行测试用例的 Teardown。

2．测试套件执行顺序

同一层级的测试套件按照文件名数字和英文字母顺序执行，即 0～9、A～Z、a～z。如果需要按特别的顺序执行，可以在文件名前加上数字+两条下划线前缀，例如 01__、02__、03__，这些数字不会出现在测试报告里。

如果不想改变文件名，可以将它们按照想要的顺序一个一个地放在命令行中。如果文件太多，可以用参数文件将它们按顺序一一列出。

4.6 测试用例的返回值

测试用例执行完后会有一个返回值，如果所有设置了 Critical 标签的测试用例都成功了，则返回值为 0；如果设置了 Critical 标签的测试用例失败了，则会返回 250 以内的一个数据，表示失败的个数。可以通过这个值来判断是否应该进入下一步的操作，如发送软件到发布系统中或重新运行失败的测试用例。在 Linux 系统中可以通过读取"$?"来取得返回值，在 Windows 系统中用"%ERRORLEVEL%"保存返回值。如果不期望测试用例返回非零的值，可以通过"--NoStatusRC"参数强行将返回值都设置成 0。

Robot Framework 测试用例的返回值和含义如表 4-1 所示。

表 4-1　　　　Robot Framework 测试用例的返回值和含义

返回值	含义
0	所有设置 Critical 标签的测试用例都通过
1～249 的整数	设置 Critical 标签的测试用例中失败的个数
250	有 250 个或更多设置 Critical 的测试用例失败
251	输出帮助信息或版本信息
252	非法的测试数据或参数列表
253	用户终止测试用例的执行
255	非预知的内部错误

4.7 小结

本章主要讲解如何执行 Robot Framework 测试用例。调试的时候我们可以在 RIDE 中单击

Start 按钮来快速执行想要运行的测试用例。大多数情况下，尤其是在持续集成的环境里，通过调用命令行"robot [options] 测试数据源"来运行测试用例。我们可以通过指定不同的 options 参数来让 Robot Framework 以不同的方式运行指定的用例。

Robot Framework 运行完后会默认生成 3 种类型的文件——XML、Log 和 Report 文件。XML 文件以一种机器语言的方式保存所有的信息，Log 文件以 HTML 格式保存运行测试用例的日志，而 Report 文件用于保存简略型的测试报告。

第 5 章

Robot Framework 自带的测试库

Robot Framework 安装完成后，默认提供了一些标准测试库。其中包括通用的 BuiltIn 库，处理 List 和 Dictionary 变量的 Collections 库，处理日期和时间的 DateTime 库，与本机操作系统交互的 OperatingSystem 库，处理字符串的 String 库，处理 XML 文件的 XML 库等。完整的列表可以参见 Robot Framework 网站。

只有 BuiltIn 库不用显式使用 Library 导入，其他库需要使用 Library 导入才可以使用。本书并不打算一一介绍这些标准测试库的每一个关键字，而只列举几个常用且比较容易混用的关键字。在开始使用相关的库编写测试用例前，建议了解一下所有的关键字，做到心中有数。不用看具体的用法，关键字都以自然语言方式命名，易于理解。看名字基本上就可以了解标准测试库提供了哪些功能，这样实现的时候就知道哪些关键字可以使用，真正需要用的时候，可以查看帮助文档，了解具体使用方法和示例。

5.1 BuiltIn 库

5.1.1 Log 和 Log Many

Log 和 Log Many 都是用于输出运行日志的关键字。Log 输出具体的信息或 Scalar 变量，而 Log Many 一次将多个 List 或 Dictionary 变量的值逐行输出。

```
${var}      Set Variable    Hello World
Log      ${var}
@{a_list}   Create List     a       b
&{a_dict}   Create Dictionary    a=1     b=2
Log      ${a_list}    #输出为['a', 'b']
Log Many    @{a_list}
Log      ${a_dict}    #输出为{'a': '1', 'b': '2'}
Log Many    &{a_dict}
```

输出结果如下。

```
INFO : ${var} = Hello World
INFO : Hello World
INFO : @{a_list} = [ a | b ]
INFO : &{a_dict} = { a=1 | b=2 }
INFO : ['a', 'b']
INFO : a
INFO : b
INFO : {'a': '1', 'b': '2'}
INFO : a=1
INFO : b=2
```

关键字 Log 不能用于直接输出 List 或 Dictionary 变量，需要将它们转换为 Scalar 变量才能输出。而 Log Many 可以直接将 List 或 Dictionary 变量按它们特有的格式输出。

5.1.2 Should Match 和 Should Match Regexp

以 Should 开头的关键字都用于判定两个给定的参数是否匹配。Should Match 支持 "*" "?" 或给定字符集的匹配，而 Should Match Regexp 则用正则表达式匹配。正则表达式匹配相对来说更加精确一些，例如，下面几个判定表达式。

```
Should Match        ABCD      A*D      #用*匹配任意个字符串
Should Match        Abc       Ab?      #用?匹配一个字符
Should Match Regexp ABCD      ^[A-Z]{4}$    #有且仅有 4 个大写字母
Should Match Regexp String123 \\w+\\d{3}    #以字符开头的字符串加 3 个数字
```

5.1.3 Run Keyword

以 Run Keyword 开头的关键字有很多，它们都用来执行某个关键字。Run Keyword If 可用于实现分支结构的测试用例设计。Run Keyword And Ignore Error 表示即使执行某个关键字失败，也继续执行，看起来貌似没什么用处，其实很多时候挺好用。例如，下例中先执行 My Keyword，然后根据它的返回值执行不同的步骤。

```
{status}    ${value}    Run Keyword And Ignore Error    My Keyword    #执行 My Keyword, 不管
#它返回成功还是失败, 都继续下一步
Run Keyword If        '${status}' == 'PASS'    Do Action For Success    #如果成功, 执行某些动作
Run Keyword Unless    '${status}' == 'PASS'    Do Action For Fail       #如果失败, 执行其他一些动作
```

5.1.4 Sleep 和 Wait Until Keyword Succeeds

有时候，如果需要等一段时间才能继续执行下一步，我们的第一反应可能就是用 Sleep 让测试用例休息一会儿，但是 Sleep 必须指定一个固定的休息间隔，不到时间不会执行下一步。有时候执行测试用例的过程中需要等待的时间不是固定的。受硬件资源、网络、软件的处理时间等的影响，有时需等待几秒，有时需等待几分钟甚至几十分钟。Wait Until Keyword Succeeds 是一个比 Sleep 更"优雅"的关键字，应该尽量避免使用 Sleep 让每次都等待固定的时间。

```
Wait Until Keyword Succeeds    10 min    5 sec    My keyword    arg
```

上例表示每隔 5s 执行一次 My Keyword，直到成功或超过最长时间 10min 才退出。如果在 10min 内执行成功，则表示不用继续执行下一步。如果超时，则将测试用例标记成 fail 并退出。

5.1.5 Should Be Equal

判断两个参数相等的关键字如下：

- Should Be Equal;
- Should Be Equal As Integers;
- Should Be Equal As Numbers;
- Should Be Equal As Strings。

尽量使用 Should Be Equal As ××× 来对两个参数进行比较。在比较两个参数之前，会先自动转换为相应的数据类型，再进行比较。示例如下。

```
Should Be Equal As Numbers    1.123    1.1      precision=1     #pass
Should Be Equal As Numbers    1.123    1.125    precision=2     #fail
Should Be Equal As Numbers    112      113      precision=-1    #pass
```

两个数字在比较之前都会按指定的精度进行转换，之后再进行比较，所以根据 precision （即 1），1.123 和 1.1 都转换为 1.1。

转换数字的过程中会采用四舍五入的方式，所以根据 precision（即 2），1.123 转换为 1.12，1.125 转换为 1.13。

精度还可以是负数，表示向左四舍五入取整，如 112 和 113 都将转换为 110。

5.2 Collections 库

Collections 库专门用来处理 List 和 Dictionary 变量，如获取、添加、修改、删除等操作，但它不包含创建变量的操作。创建变量和判断参数匹配性的基础关键字在 BuiltIn 库里可找到。表 5-1 所示的关键字都是 BuiltIn 库里和 List 或 Dictionary 变量相关的关键字。

表 5-1　　　　　BuiltIn 库里和 List 或 Dictionary 变量相关的关键字

关键字	解释	适用范围
Create List	创建 List 变量	List
Create Dictionary	创建 Dictionary 变量	Dictionary
Get Length	取得 List/Dictionary 的元素个数	List 和 Dictionary
Length Should Be	判断元素个数	List 和 Dictionary
Should Be Empty	判断参数是否为空	List 和 Dictionary
Should Not Be Empty	判断参数是否不为空	List 和 Dictionary
Should Contain	判断 List/Dictionary 是否包含某个元素	List 和 Dictionary
Should Not Contain	判断 List/Dictionary 是否不包含某个元素	List 和 Dictionary
Should Contain X Times	判断 List 是否包含某个元素指定的次数	List
Should Not Contain X Times	判断 List 是否不包含某个元素指定的次数	List
Get Count	取得某个元素在 List 中出现的次数	List

5.2.1 Should Contain

BuiltIn 库里的 Should Contain 不是专门用于处理 List 或 Dictionary 变量的，它可以处理任何类型的数据。例如：

```
Should Contain     A test String    test      #pass
@{a_list}    Create List     a     b
Should Contain     ${a_list}     a     #pass
&{a_dict}    Create Dictionary    key1=1    key2=2
Should Contain     ${a_dict}    key1=1     #pass
```

Collections 库里也提供类似×××Should Contain×××的关键字，和 BuiltIn 库里的关键字相比要更专业。例如：

```
@{a_list}    Create List     a     b
List Should Contain Value        ${a_list}    a         #List 中包含元素 a
List Should Not Contain Value    ${a_list}    c         #List 中不包含元素 c
&{a_dict}    Create Dictionary    key1=1    key2=2
&{sub_dict}    Create Dictionary    key1=1
Dictionary Should Contain Key      ${a_dict}    key1    #Dictionary 中包含 key：key1
Dictionary Should Contain Value    ${a_dict}    1       #Dictionary 中包含 value：1
```

```
Dictionary Should Contain Sub Dictionary    ${a_dict}    ${sub_dict}    #Dictionary 中包含子
#Dictionary
```

对于 Dictionary 变量来说，Collections 库里的 Should Contain 可以只查找 key 或 value，通常这是更普遍的使用方式。

5.2.2 Get Count

BuiltIn 库里提供的 Get Count 关键字用于取得某个元素出现的次数，它既可以处理 List 变量，也可以处理字符串。在 Collections 库中提供了一个专门处理 List 变量的关键字 Get Match Count。

```
${a_string}    Set Variable       a b aaa A
@{a_list}      Create List        a    b    aaa    A
${count}       Get Count          ${a_string}      a           #字符串匹配，结果为4，找到4个a
${count}       Get Count          ${a_list}        a           #List 匹配，结果为1
${count}       Get Match Count    ${a_list}        a           #结果为1
${count}       Get Match Count    ${a_list}        a*          #结果为2，匹配到a 和aaa
${count}       Get Match Count    ${a_list}        a*    case_insensitive=True    #忽略大小写，结果
#为3，匹配到a、aaa 和A
${count}       Get Match Count    ${a_list}        regexp=a.*       #正则表达式匹配，结果为2
```

从上例中可以看出，BuiltIn 库的关键字 Get Count 只能用于简单的全字匹配，而 Collections 库的关键字 Get Match Count 可以用通配符和正则表达式匹配。有了正则表达式的支持，将使匹配变得非常灵活、方便。

5.2.3 删除 Dictionary 变量的元素

为了从一个 Dictionary 变量里删除元素，Collections 库提供了 3 个关键字。

- Pop From Dictionary：移除指定 key 的元素，并返回对应的 value。
- Remove From Dictionary：移除指定 key 的元素，没有返回值。
- Keep In Dictionary：除了指定 key 的元素之外，移除其他所有元素。

```
&{a_dict}    Create Dictionary    a=1    b=2    c=3
${ret}       Pop From Dictionary    ${a_dict}    b    #移除b=2,${ret}的值为2
Log Dictionary    ${a_dict}
Remove From Dictionary    ${a_dict}    a    #移除 key 为a 的元素。
Log Dictionary    ${a_dict}    #现在只剩下 c=3。
Set To Dictionary    ${a_dict}    d    4    e    5    #再追加两个元素
Log Dictionary    ${a_dict}
Keep In Dictionary    ${a_dict}    e    #除了e之外，移除其他元素
Log Dictionary    ${a_dict}    #现在只剩下 e=5
```

输出结果如下。

```
INFO : &{a_dict} = { a=1 | b=2 | c=3 }
INFO : ${ret} = 2
INFO :
Dictionary size is 2 and it contains following items:
a: 1
c: 3
INFO : Removed item with key 'a' and value '1'.
INFO :
Dictionary has one item:
c: 3
INFO :
Dictionary size is 3 and it contains following items:
c: 3
d: 4
e: 5
INFO : Removed item with key 'c' and value '3'.
INFO : Removed item with key 'd' and value '4'.
INFO :
Dictionary has one item:
e: 5
```

Keep In Dictionary 是一个非常有意思的关键字。有时候我们需要清空一个 Dictionary 变量，例如，在一个 FOR 循环中使用这个 Dictionary 变量临时保存值，每次进入循环，都需要清空这个 Dictionary 变量，重新赋值。这个时候可以使用 Keep In Dictionary 关键字，然后输入一个不存在的 key 作为参数来达到目的。例如：

```
Keep In Dictionary    ${a_dict}    not_exist_key
```

Collections 库的更多关键字请参阅 Robot Framework 官方文档。对于 3.1.1 版本，Collections 库中可用的关键字如图 5-1 所示。

> Append To List · Combine Lists · Convert To Dictionary · Convert To List · Copy Dictionary · Copy List · Count Values In List · Dictionaries Should Be Equal · Dictionary Should Contain Item · Dictionary Should Contain Key · Dictionary Should Contain Sub Dictionary · Dictionary Should Contain Value · Dictionary Should Not Contain Key · Dictionary Should Not Contain Value · Get Dictionary Items · Get Dictionary Keys · Get Dictionary Values · Get From Dictionary · Get From List · Get Index From List · Get Match Count · Get Matches · Get Slice From List · Insert Into List · Keep In Dictionary · List Should Contain Sub List · List Should Contain Value · List Should Not Contain Duplicates · List Should Not Contain Value · Lists Should Be Equal · Log Dictionary · Log List · Pop From Dictionary · Remove Duplicates · Remove From Dictionary · Remove From List · Remove Values From List · Reverse List · Set List Value · Set To Dictionary · Should Contain Match · Should Not Contain Match · Sort List

图 5-1　对于 3.1.1 版本，Collections 库中可用的关键字

5.3 DateTime 库

日期和时间是计算机中一种重要的数据结构，任何一种编程语言都必须考虑对日期和时间的支持，Robot Framework 自动化测试框架也不例外。Robot Framework 中支持多种形式日期和时间的格式。

特别地，这里的日期指的是包含年、月、日、时、分、秒、微秒但不包含时区的字符串或数字，如 2014-06-11 10:07:42。

时间指的是包含时、分、秒部分的字符串或数字，可表示时间间隔，如 1 hour 20 minutes 或 01:20:00。

5.3.1 日期格式

日期格式的变量可以作为 Robot Framework 中关键字的输入参数或返回值。日期格式有时间戳格式、定制时间戳格式、Python 日期格式和 epoch 日期格式。

- 时间戳格式：ISO 8601 形式的日期格式，如 YYYY-MM-DD hh:mm:ss.mil。

- 定制时间戳格式：可以按照指定的格式返回日期时间，如%Y-%m-%d %H:%M:%S.%f。

- Python 日期格式：假如${datetime}是一个时间戳格式的日期，可以通过${datetime.year}、${datetime.month}、${datetime.day}、${datetime.hour}、${datetime.minute} ${datetime.second}、${datetime.microsecond}取得年、月、日、时、分、秒、微秒各部分的值。

- epoch 日期格式：自 1970-01-01 00:00:00 UTC 以来的秒数。

5.3.2 时间格式

时间格式的变量和日期一样，可以作为 Robot Framework 中关键字的输入参数或返回值。时间格式有以下几种。

- 数字：一个整型或小数形式的数字，Robot Framework 将以秒来解析它，如 1.5 表示 1.5s。

- 时间字符串：一个数字加一个表示时间的字符串，如 1m 12s。可用的时间字符串见 3.2.3 节。

- timer 字符串：以 hh:mm:ss.mil 格式表示的时间字符串，如 01:01:00.123。

5.3.3 BuiltIn 库里的日期和时间关键字

在 Robot Framework 的 BuiltIn 库里提供了一个取得日期和时间的 Get Time 关键字。

```
Get Time | format=timestamp | time_=NOW
```

Get Time 关键字将根据指定的格式返回日期和时间。format 参数可用的值有以下几种。

- 空:format 可以不填,默认返回格式为 YYYY-MM-DD hh:mm:ss,如 2006-02-24 15:08:31。

- epoch:返回一个从 1970-01-01 00:00:00 UTC 以来的秒数。

- year、month、day、hour、min 或 sec:如果 format 中包含这些单词,相应的值将以数字形式返回。值得注意的是,返回的值和这些单词出现的次序无关。始终是按照年、月、日、时、分、秒的顺序返回。示例如下。

```
${time} =        Get Time
${secs} =        Get Time      epoch
${year} =        Get Time      return year
${yyyy}    ${mm}    ${dd} =    Get Time    year,month,day
@{time} =        Get Time      year month day hour min sec
${y}    ${s} =    Get Time      seconds and year

${time} = '2019-03-29 15:06:21'
${secs} = 1143637581
${year} = '2019'
${yyyy} = '2019', ${mm} = '03', ${dd} = '29'
@{time} = ['2019', '03', '29', '15', '06', '21']
${y} = '2019'
${s} = '21'
```

参数 time_支持的格式包括以下几种。

- 空:默认取得当前本地时间。

- 数字:表示自 epoch 1970-01-01 00:00:00 UTC 以来的秒数。

- YYYY-MM-DD hh:mm:ss:表示指定的日期、时间格式表达式。

- UTC:表示返回 UTC 时间。

- NOW/UTC +/-时间表达式:NOW 或 UTC 后跟一个 "+" 或 "-",再跟上时间表达式,返回以当前本地时间加上或减去一定时间的日期和时间。

```
${time} =    Get Time    1177654467              #自 epoch 时间以来的秒数
${secs} =    Get Time    sec    2007-04-27 09:14:27    #日期、时间格式
${year} =    Get Time    year    NOW            #当前本地时间
@{time} =    Get Time    hour min sec    NOW + 1h 2min 3s    #当前本地时间加 1h 2min 3s
@{utc} =     Get Time    hour min sec    UTC        #UTC 时间
${hour} =    Get Time    hour    UTC - 1 hour        #UTC 时间减 1h
```

```
${time} = '2007-04-27 09:14:27'
${secs} = 27
${year} = '2019'
@{time} = ['16', '08', '24']
@{utc} = ['12', '06', '21']
${hour} = '11'
```

5.3.4 Collections 库里的日期和时间关键字

Collections 库中提供了更加专业的日期和时间关键字，和 BuiltIn 库里的 Get Time 对应的一个关键字是 Get Current Time。

```
Get Current Date | time_zone=local | increment=0 | result_format=timestamp | exclude_millis=False
```

其中 result_format 用来指定使用的日期和时间格式。

```
${datetime}     Get Current Date                                         #按默认格式取日期和时间
${datetime}     Get Current Date    result_format=%d.%m.%Y %H:%M         #指定日期和时间格式
${datetime}     Get Current Date    result_format=epoch                  #自 epoch 时间以来的秒数
${datetime}     Get Current Date    UTC                                  #获取 UTC 时间
${datetime}     Get Current Date    UTC         +8h                      #获取东八区的时间
${datetime}     Get Current Date    result_format=datetime               #返回一个日期和时间类型的数据
Log     ${datetime.year}            #只输出年
```

输出结果如下。

```
INFO : ${datetime} = 2019-02-16 17:29:37.238
INFO : ${datetime} = 16.02.2019 17:29
INFO : ${datetime} = 1550309377.24
INFO : ${datetime} = 2019-02-16 09:29:37.238
INFO : ${datetime} = 2019-02-16 17:29:37.254
INFO : ${datetime} = 2019-02-16 17:29:37.254000
INFO : 2019
```

除了取得当前本地时间之外，DateTime 库里还提供了另外几个加、减及转换的日期和时间关键字，如图 5-2 所示。读者可以参阅官方文档了解它们的用法。

> Add Time To Date · Add Time To Time · Convert Date · Convert Time · Get Current Date · Subtract Date From Date · Subtract Time From Date · Subtract Time From Time

图 5-2　DateTime 库中加、减及转换日期和时间的关键字

5.4 Robot Framework 自带的其他测试库

除了前面讲解的库之外，Robot Framework 还提供了下面几个常用的测试库，在此就不

一一讲解。如果需要了解具体使用方法，请参阅官方文档。

- OperatingSystem：提供与操作系统交互的关键字，如运行程序、创建文件/目录、删除文件/目录、修改文件等操作。
- Dialogs：暂停当前测试用例的执行，并提供一个与用户交互的窗口，接受用户的输入后再继续执行。
- Process：处理子进程，在 Robot Framework 测试用例中，启动子进程运行某些程序并与之交互。
- Screenshot：屏幕截屏库，提供的关键字可以随时截取当前屏幕。
- String：字符串处理库，提供诸如获取子字符串、替换字符串、拆分字符串等的关键字。
- Telnet：通过 telnet 连接到远程服务器并执行远程命令。
- XML：提供判断或修改 XML 文件的关键字。

5.5 小结

本章介绍了 Robot Framework 自带的测试库里的几个关键字。它们都是使用非常普遍的关键字，几乎所有项目里都会找到它们的身影。有些关键字虽然能满足要求，但是可能会使测试用例运行效率不是很高或不能精确匹配，建议不要使用它们，而选择更好的关键字。例如，Sleep 会增加测试用例执行的时间，因此建议使用 Wait Until Keyword Succeeds。又如 Should Match 不能特别精确地匹配，可能导致有些问题不能被发现，因此建议使用 Should Match Regexp，通过正则表达式精确匹配。

BuiltIn 库虽然提供了简单的关键字来处理集合数据类型以及日期和时间数据类型，但是更专业的库能实现更多更简洁的功能。如果需要处理这些数据类型，尽量使用专业测试库里提供的关键字。

Robot Framework 提供了大量的关键字，本书限于篇幅没法一一讲解。本章简单介绍了每个库的基本功能，需要的读者可以自行参阅官方文档以了解具体的使用方法。

第 6 章
常见的被测系统

日常生活中我们遇到的被测系统不外乎本地应用程序、远程服务器上运行的后台服务系统、Web 系统、安卓或苹果手机上的 App 等。本章将介绍几种常见的被测系统。

6.1 Windows GUI 应用程序

第一种常见的被测系统是 Windows 图形用户界面（Graphical User Interface，GUI）应用程序，它是指运行在 Windows 操作系统上的具有图形用户界面的本地应用程序。Windows 操作系统自带的计算器程序就是一个典型的 Windows GUI 应用程序。Robot Framework 提供了 AutoItLibrary 来专门测试这类程序。

6.1.1 安装 AutoItLibrary

要安装 AutoItLibrary，最简单的方法是用 pip。首先，在 PyPI 网站上搜索 AutoItLibrary，找到一个叫作 robotframework-autoitlibrary 的 Robot Framework 库。另外，也可以在命令行窗口中用"pip search autoitlibrary"进行查找。在 Windows 命令行窗口中输入以下命令安装 AutoItLibrary。

```
c:\> pip install robotframework-autoitlibrary
```

安装过程中会看见如下下载进度和安装结果。

```
Collecting robotframework-autoitlibrary
  Downloading ******files.pythonhosted***/packages/4e/a4/9e51fe35b1da7a006b773c9c234f78e89
bcc4f267152c4e9fa8260631fa8/robotframework-autoitlibrary-1.2.2.zip (701kB)
    100% |████████████████████████████████| 706kB 276kB/s
Collecting pywin32 (from robotframework-autoitlibrary)
  Downloading https://files.pythonhosted.org/packages/83/cc/2e39fa39b804f7b6e768a37657d7
5eb14cd917d1f43f376dad9f7c366ccf/pywin32-224-cp27-cp27m-win_amd64.whl (7.4MB)
    100% |████████████████████████████████| 7.4MB 330kB/s
Collecting pillow (from robotframework-autoitlibrary)
  Downloading https://files.pythonhosted.org/packages/f1/72/9e48d90b01f8968e31a05fb9903a
5626a42a67f7a831963e880ba90de65f/Pillow-5.3.0-cp27-cp27m-win_amd64.whl (1.5MB)
    100% |████████████████████████████████| 1.5MB 310kB/s
Installing collected packages: pywin32, pillow, robotframework-autoitlibrary
  Running setup.py install for robotframework-autoitlibrary ... done
Successfully installed pillow-5.3.0 pywin32-224 robotframework-autoitlibrary-1.2.2
```

如果看见上面的消息，就表示安装成功了。之后我们打开文件管理器，导航到 AutoItLibrary 的安装目录 C:\RobotFramework\Extensions\AutoItLibrary。里面的 AutoItLibrary.html 介绍了 AutoItLibrary 的使用方法和所有可用的关键字。

6.1.2 Web 版计算器测试示例

在 Tests 目录下有一个计算器测试用例，双击 RobotIDE.bat 就可以打开 RIDE，查看 AutoItLibrary 中的计算器测试用例，如图 6-1 所示。

在左侧窗格中，根据树状目录结构，我们可以得知这个测试套件包含 7 个测试用例，分别测试了整数的加减乘除、十六进制数的加减以及屏幕截图功能。

在右侧窗格中，我们可以看见导入 AutoItLibrary 的方法。

```
Library         AutoItLibrary    ${OUTPUT DIR}    10    ${True}
```

${OUTPUT DIR} 是 Robot Framework 中的自动变量，表示输出目录的绝对路径。而${True} 是 Robot Framework 中的特殊变量，表示 true。这 3 个参数在帮助文档 AutoItLibrary.html 里有说明，如图 6-2 所示。

在右侧窗格中，除了 AutoItLibrary 之外，这个测试用例还引入了 Collections 库和 String 库，以及一个变量文件 CalculatorGUIMap.py。这个变量文件定义了不同版本计算器中按键的对应值。

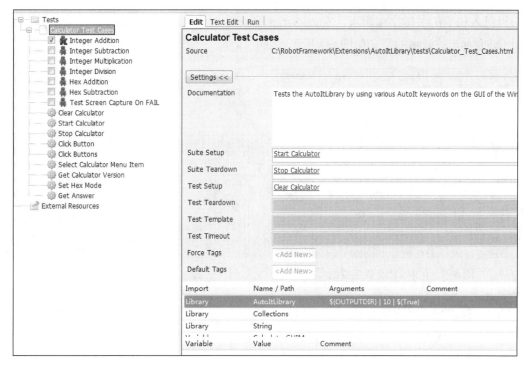

图 6-1 AutoItLibrary 中的计算器测试用例

Importing

Arguments	Documentation	
OutputDir=., TimeOut=60, CaptureScreenOnError=False	OutputDir=<path>	Output directory for captured screenshots. Should set to *${OUTPUTDIR}*
	Timeout=<seconds>	Default TimeOut value in seconds.
		This is used in other methods when their TimeOut parameter is not used.
	CaptureScreenOnError=True	Defaults to False. Set to *${True}* to capture the PC screen on any
		AutoItLibrary keyword failure.

图 6-2 导入 AutoItLibrary 时的参数列表

遗憾的是，这个测试用例只能在英文版的 Windows 系统上运行，在中文版的 Windows 系统上运行时会报错，因为中文版计算器和英文版计算器界面上的文字不一致。我们可以简单地把 Windows 系统的语言改成英语来调试所有测试用例。但是为了了解 AutoItLibrary 的用法，我们需要修改测试用例，让它能检查中文版计算器。英文和中文版本计算器的界面分别如图 6-3 和图 6-4 所示。

1. 主目录的 Setup 和 Teardown

首先，在图 6-1 所示界面中，在左侧窗格中，单击 Calculator Test Cases 目录，在右侧窗格中可以看见 Suite Setup、Suite Teardown、Test Setup 文本框中都有关键字，按住 Ctrl 键并单击可以进入相应的关键字编辑页。Suite Setup 里调用 Start Calculator 关键字来启动计算器。Start Calculator 关键字的定义如图 6-5 所示。

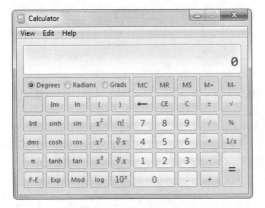

图 6-3　英文版计算器的界面

图 6-4　中文版计算器的界面

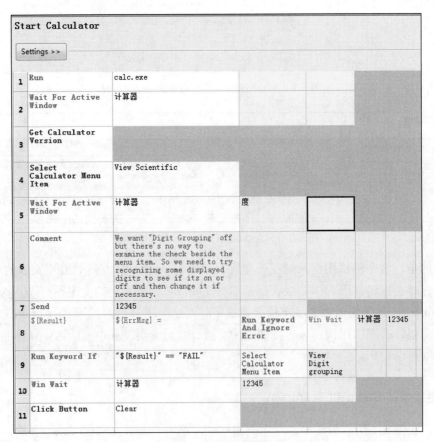

图 6-5　Start Calculator 关键字的定义

第 1 行中，打开计算器。

第 2 行中，等待一个标题是"Calculator"的窗口打开，中文版的标题是"计算器"，所以我们改一下。

第 3 行中，调用一个用户关键字 Get Calculator Version，具体功能会在后面分析。

第 4 行中，设置一个用户关键字，通过菜单切换到科学计算器。英文版中，选择 View→Scientific；中文版中，选择"查看"→"科学型"。这里我们不用改成中文，因为 View Scientific 是按键定义文件 calculatorGUIMap.py 中菜单变量 MENUMAP 里的按键。本章稍后会讲解这个关键字。

第 5 行中，等待一个标题是 Calculator 并且包含 Degrees 的窗口出现。中文版中的标题是"计算器"，窗口中相应的字符是"度"。

第 6 行中是一些注释。

第 7 行中，发送 12345 给计算器。

第 8 行中，等待计算器中出现 12345，并且用 BuiltIn 库里的 Run Keyword And Ignore Error 关键字，让计算器即使出现错误，也继续执行下一步操作。这里把 Win Wait 关键字里的"Calculator"改成"计算器"。

第 9 行中，如果失败，就通过菜单关闭数字分组，因为数字分组打开后 12345 会显示成"12,345"。

第 10 行中，继续检查是否出现 12345。

第 11 行中，单击 Clear 按钮。

对于图 6-5 中的第 3 行，按住 Ctrl 键并单击 Get Calculator Version 以查看这个关键字，其定义如图 6-6 所示。

- Send：表示发送键。

- Win Wait Active：表示 AutoItLibrary 的一个关键字，把鼠标指针放在这个关键字上面，同时按住 Ctrl 键，可以看到它的作用和使用方法。它用于等待一个指定标题（About Calculator）和内容（Version）的对话框出现。根据英文版修改中文版的计算器。

- Control Get Text：表示 AutoItLibrary 的一个关键字，用于获取指定对话框里某个控件的值。

- Control Click：表示 AutoItLibrary 的一个关键字，用于单击指定对话框里的某个按钮。

1	Send	{ALTDOWN}				
2	Sleep	1				
3	Send	ha				
4	Send	{ALTUP}				
5	Win Wait Active	关于"计算器"	版本			
6	${WinText}	Control Get Text	关于"计算器"	版本		Static3
7	${WinText2}	Run Keyword If	"版本" not in "${WinText}"	Control Get Text	关于"计算器"	版本	Static4
8	${WinText}	Set Variable If	"版本" in "${WinText2}"	${WinText2}		${WinText}
9	Run Keyword If	"版本" not in "${WinText}"	Fail	Cannot find Calculator version		
10	${GUIMAP}	Set Variable If	"5.1" in "${WinText}"	${GUIMAP_51}		
11	${GUIMAP}	Set Variable If	"6.0" in "${WinText}"	${GUIMAP_60}		${GUIMAP}
12	${GUIMAP}	Set Variable If	"6.1" in "${WinText}"	${GUIMAP_61}		${GUIMAP}
13	Run Keyword If	${GUIMAP} == None	Fail	Calculator version not supported: ${WinText}		
14	Set Suite Variable	${GUIMAP}				
15	${MENUMAP}	Set Variable If	"5.1" in "${WinText}"	${MENUMAP_51}		
16	${MENUMAP}	Set Variable If	"6.0" in "${WinText}"	${MENUMAP_60}		${MENUMAP}
17	${MENUMAP}	Set Variable If	"6.1" in "${WinText}"	${MENUMAP_61}		${MENUMAP}
18	Set Suite Variable	${MENUMAP}				
19	Control Click	关于"计算器"	版本	Button1		

图 6-6 Get Calculator Version 关键字的定义

Run Keyword If、Set Variable If、Set Suite Variable 等关键字来自 Robot Framework 自带的 BuiltIn 库。关键字的命名就采用自然语言，不用查看帮助文档，只看名字也能知道它是做什么的。

单击左上角的 Settings<< 按钮，返回一个用户自定义关键字 Select Calculator Menu Item，其定义如图 6-7 所示。

根据传入的字符串单击相应的按钮。这里传入的是 View Scientific，在变量文件里对应的 ${MENUMAP} 定义的值是 VS，所以做的动作就是依次按 Alt 键，暂停 1s，然后按 V、S 键，最后松开 Alt 键，这样就能把计算器切换到科学计算器。

Suite Teardown 里的关键字 Stop Calculator 以及 Test Setup 里的关键字 Clear Calculator 比较简单，这里不赘述。

2．Integer Addition 测试用例

第一个测试用例 Integer Addition 用于验证整数相加的功能，其定义如图 6-8 所示。

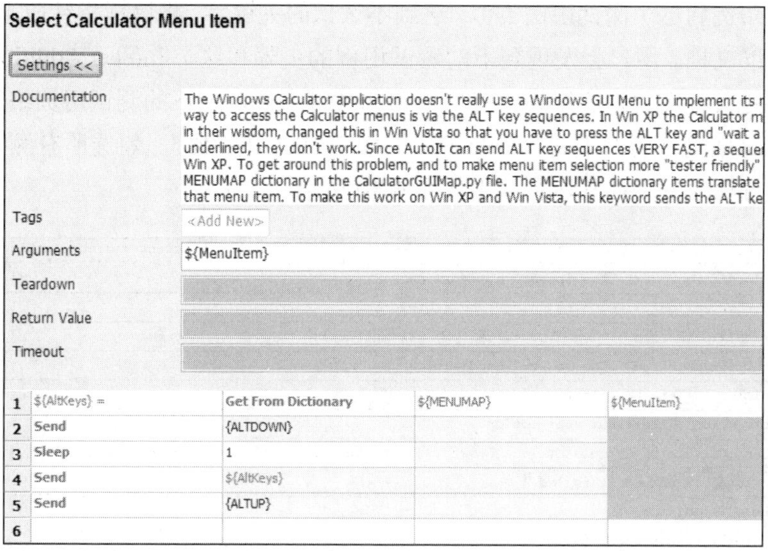

图 6-7　Select Calculator Menu Item 关键字的定义

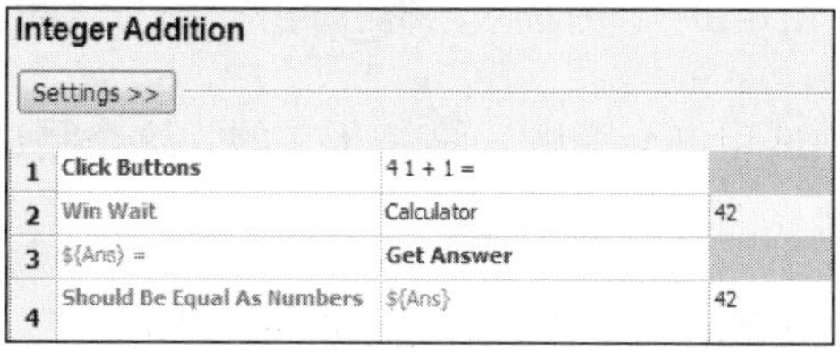

图 6-8　Integer Addition 测试用例的定义

Click Buttons、Click Button、Get Answer 都是用户自定义关键字。这样写的好处是让测试用例看起来简单明了。实际上，所有按键按钮操作会调用 AutoItLibrary 的关键字 Control Click 以实现真正的按钮单击操作。Get Answer 通过调用 AutoItLibrary 的关键字 Clip Get 取得剪贴板的值。我们将测试用例里所有的"Calculator"都改成"计算器"后，这个测试用例就应该修改完成了。我们可以勾选图 6-1 所示界面中左侧窗格里的 Integer Addition 测试用例，运行一下试试。不出所料，应该可以看见通过的消息，如图 6-9 所示。

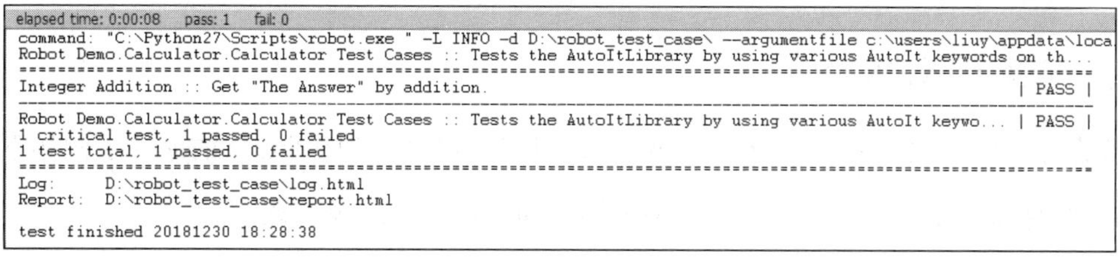

图 6-9　Integer Addition 测试用例通过

其他测试用例和这个测试用例类似，遇到不认识的关键字，将鼠标指针放上去，再按 Ctrl 键即可阅读帮助文档。用户会发现剩下的测试用例的步骤和这个 Integer Addition 测试用例非常类似，这就是关键字驱动的好处。写好通用的关键字后，剩下的测试用例编写就变得非常方便。现在把这些测试用例里的"Calculator"都改成"计算器"，勾选所有测试用例并运行它们，如果全部修改好了，其运行结果如图 6-10 所示。

```
Robot Demo.Calculator.Calculator Test Cases :: Tests the AutoItLibrary by using various AutoIt key...
==============================================================================
Integer Addition :: Get "The Answer" by addition.                      | PASS |
------------------------------------------------------------------------------
Integer Subtraction :: Get "The Answer" by subtraction.                | PASS |
------------------------------------------------------------------------------
Integer Multiplication :: Get "The Answer" by multiplication.          | PASS |
------------------------------------------------------------------------------
Integer Division :: Get "The Answer" by division.                      | PASS |
------------------------------------------------------------------------------
Hex Addition :: Test Hex addition.                                     | PASS |
------------------------------------------------------------------------------
Hex Subtraction :: Test Hex subtraction.                               | PASS |
------------------------------------------------------------------------------
Robot Demo.Calculator.Calculator Test Cases :: Tests the AutoItLibrary by using various A... | FAIL |
7 critical tests, 6 passed, 1 failed
7 tests total, 6 passed, 1 failed
==============================================================================
Robot Demo.Calculator                                                  | FAIL |
7 critical tests, 6 passed, 1 failed
7 tests total, 6 passed, 1 failed
==============================================================================
Log:     D:\robot_test_case\log.html
Report:  D:\robot_test_case\report.html
```

图 6-10　计算器的全部测试用例的运行结果

可以看到，最后一个测试用例会失败，这是正常的。这个测试用例的目的就是故意造成失败。然后截屏，保存当前桌面。

上面修改成中文版的计算器的示例代码参见 GitHub 网站。

6.2　后台服务系统

常见的后台服务系统基本上搭建在 Linux/UNIX 操作系统上，通常系统管理员或程序开发工程师访问服务器时用 SSH 客户端（如 PUTTY、XShell 等 SSH 客户端）远程连接服务器控制台。Robot Framework 提供了一个类似的 SSH 客户端用于与远程 Linux 服务器交互。但是它不是真正看得见的客户端，而是大量关键字。最好用的库应该是 SSHLibrary，相关信息参见 GitHub 网站。

6.2.1　安装 SSHLibrary

首先在 PyPI 网站上搜索 SSHLibrary，可以找到多个带 SSHLibrary 的库。示例如下。

- SSHLibrary (1.0)：用于启用 SSH 的 Robot Framework 测试库。

- robotframework-sshlibrary (3.2.1)：用于 SSH 和 SFTP 的 Robot Framework 测试库。

SSHLibrary (1.0)是一个提供纯粹的 SSH 功能的库，名称以"robot framework-sshlibrary"开头的多个库都同时提供了 SSH 和 SFTP。SFTP 用于向服务器传送文件。

要安装 robotframework-sshlibrary，在 Windows 命令行窗口中输入以下命令。

```
c:\> pip install robotframework-sshlibrary
......
Successfully installed asn1crypto-0.24.0 bcrypt-3.1.4 cffi-1.11.5 cryptography-2.4.2
enum34-1.1.6 idna-2.7 ipaddress-1.0.22 paramiko-2.4.2 pyasn1-0.4.4 pycparser-2.19 pyna
cl-1.3.0 robotframework-sshlibrary-3.2.1 six-1.11.0
```

如果看见上面的消息，就表示安装成功了。SSHLibrary 的帮助文档没有随软件一起提供，而是放在网上，可以在 PyPI 网站上找到帮助文档。也可以通过运行下面的命令在当前目录中生成一份帮助文档 SSHLibrary.html。

```
c:\>python -m robot.libdoc SSHLibrary SSHLibrary.html
```

6.2.2 SSHLibrary 的使用方法

帮助文档上有导入 SSHLibrary 的方法以及其中所有可用的关键字。

导入时使用的参数及其默认值如下。

```
timeout=3 seconds, newline=LF, prompt=None, loglevel=INFO, term_type=vt100, width=80, height=24,
path_separator=/, encoding=UTF-8
```

所有参数都是可选的，不填的情况下就用默认值，也可以显式更改默认值。例如：

```
Library    SSHLibrary    10 seconds
```

或

```
Library    SSHLibrary    newline=CRLF    path_separator=\\
```

SSHLibrary 提供的关键字如图 6-11 所示。

> Close All Connections · Close Connection · Create Local Ssh Tunnel · Directory Should Exist · Directory Should Not Exist · Enable Ssh Logging · Execute Command · File Should Exist · File Should Not Exist · Get Connection · Get Connections · Get Directory · Get File · Get Pre Login Banner · List Directories In Directory · List Directory · List Files In Directory · Login · Login With Public Key · Open Connection · Put Directory · Put File · Read · Read Command Output · Read Until · Read Until Prompt · Read Until Regexp · Set Client Configuration · Set Default Configuration · Start Command · Switch Connection · Write · Write Bare · Write Until Expected Output

图 6-11 SSHLibrary 提供的关键字

6.2.3　Linux 后台服务系统测试

还记得第 3 章讲的助理机器人吗？这个助理机器人系统提供了一些基本问题的自动回答，例如下面列举的几条。

问：您好！

助理机器人答：主人，早上好！（注意，助理机器人能自动根据时间回答"下午好"或"晚上好"。）

问：现在几点了？

助理机器人答：现在时刻 9:00 整。

问：今天天气怎么样？

助理机器人答：今天早上微风，温度 23℃，中午到下午晴朗，最高温度达 32℃，傍晚有小到大雨，请主人出门注意防晒和准备雨具哦！

问：Robot Framework 是什么？

助理机器人答：对不起！我现在还不能理解您在说什么，请尝试其他问题吧。

如果这个助理机器人不在本机，而是在 Linux 服务器上，该如何对它进行测试呢？下面是助理机器人在本机时使用的资源文件，里面提供了和本地助理机器人交互的关键字。

```
*** Settings ***
Documentation      这是一个与自动助理机器人通信的资源文件
...                定义人与助理机器人之间的基本操作方法——发送问题，获取答案
Library            OperatingSystem

*** Variables ***
${questions_file}        ${CURDIR}/../assistant_robot/questions.txt
${assistant_robot}       ${CURDIR}/../assistant_robot/assistant_robot.py
${answer_file}           ${CURDIR}/../assistant_robot/answer.txt

*** Keywords ***
Send_Message
    [Arguments]        ${msg}
    [Documentation]        向助理机器人发送命令关键字
    [Tags]        communicate
    Create File        ${questions_file}        ${msg}        UTF-8
    File Should Not Be Empty        ${questions_file}
    Log File        ${questions_file}
```

```
Get_Reply
    [Documentation]      接收助理机器人返回的消息关键字
    [Tags]       communicate
    ${ret}       ${output}      Run And Return Rc And Output      python ${assistant_robot}
    Should Be Equal As Integers      ${ret}      0
    Log File     ${answer_file}
    ${content}       Get File       ${answer_file}
    [Return]     ${content}
```

我们对这些关键字进行修改，让它们能与远程服务器上的助理机器人进行交互。新的资源文件如下。

```
*** Settings ***
Documentation        这是一个与远程自动助理机器人通信的资源文件，定义人与助理机器人之间的基本操作方法——
发送问题，获取答案
Library              SSHLibrary        #Library 由 OperatingSystem 改为 SSHLibrary

*** Variables ***
${questions_file}    /home/tauser/assistant_robot/questions.txt #远程服务器上用于存放问题的文件
${assistant_robot}   /home/tauser/assistant_robot/assistant_robot.py #远程服务器的助理机器人
${answer_file}       /home/tauser/assistant_robot/answer.txt   #远程服务器上用于存放答案的文件

*** Keywords ***
Send_Message
    [Arguments]      ${msg}
    [Documentation]      向助理机器人发送命令关键字
    [Tags]       communicate
    ${ret}       ${err}     Execute Command      rm ${questions_file};echo ${msg}>${questions_file}      both
    ${ret}       ${err}     Execute Command      cat ${questions_file}      both
    Log      ${ret}

Get_Reply
    [Documentation]      接收助理机器人返回的消息关键字
    ${ret}       ${err}     Execute Command      python ${assistant_robot}      both
    ${content}       ${err}     Execute Command      cat ${answer_file}      both
    Log      ${content}
    [Return]     ${content}
```

可以看出，Execute Command 关键字频繁使用，这是 SSHLibrary 用得最多的关键字，用于执行远程服务器的命令。"rm" "cat" 都是 Linux 系统的 Shell 命令，分别用于删除文件和输出文件内容。

Start Command 的功能和 Execute Command 类似。它们的不同之处在于，Execute Command

要等待命令执行完成，而 Start Command 启动命令后，不等其结束就立即返回，Robot Framework 可以继续执行下一步。

在调用 Execute Command 执行远程命令之前，要先创建和远程服务器的连接。在 __init__.tsv 文件里可以这样修改。

```
*** Settings ***
Documentation      助理机器人测试工程
Suite Setup        Open and Login Server    192.168.1.118    tauser    TaUser_111
Suite Teardown     Close All Connections
Force Tags         regression
Library            SSHLibrary

*** Keywords ***
Open and Login Server
    [Arguments]    ${ip}    ${user}    ${passwd}
    ${id}    Open Connection    ${ip}
    ${ret}    Login    ${user}    ${passwd}
    Should Contain    ${ret}    ${user}@
```

在 Suite Setup 里调用用户自定义关键字 Open and Login Server，传入服务器 IP 地址、登录用户名和密码。在这个关键字里调用 SSHLibrary 的 Open Connection、Login 创建一个和远程服务器的连接。

在 Suite Teardown 里调用关键字 Close All Connections 把 Robot Framework 打开的连接全部关闭。至此，修改完成，这个测试工程可以正常运行，用于测试远程服务器上的助理机器人。

上面的示例代码参见 GitHub 网站。

要让示例代码成功运行，需要有一台安装了 Linux 操作系统的计算机或虚拟机，并且能够用用户名和密码登录。下载示例代码后，可以根据自己 Linux 操作系统的 IP 地址、用户名和密码进行修改。

6.3 Web 系统测试

大量的后台数据处理系统运行于 Linux 系统上，而与用户交互的界面呢？大部分用浏览器访问 Web 页面的形式，如淘宝网站、百度主页、各种政府企业办公系统等。对这样的系统进行测试，Robot Framework 提供了一个方便好用的库——SeleniumLibrary。Selenium 是一个测试 Web 界面的强大工具，支持几乎所有的浏览器。

6.3.1 安装 SeleniumLibrary

首先，在 PyPI 网站上搜索 SeleniumLibrary，会发现有两个 SeleniumLibrary，即 robotframework-seleniumlibrary 和 robotframework-selenium2library。值得注意的是，不要下载 robotframework-selenium-2library。robotframework-selenium2library 并不是 seleniumlibrary 的更高级版本，robotframework-seleniumlibrary 才是更新的版本。

要选择安装 robotframework-seleniumlibrary 版本，在 Windows 命令行窗口中输入以下命令。

```
c:\> pip install robotframework-seleniumlibrary
……
Successfully installed robotframework-seleniumlibrary-3.2.0 selenium-3.141.0 urllib3-1.24.1
```

如果看见上面的消息，就表示安装成功了。SeleniumLibrary 的帮助文档没有随软件一起提供，用下面的命令可以在当前目录中生成一份帮助文档 SeleniumLibrary.html。

```
c:\> python -m robot.libdoc SeleniumLibrary SeleniumLibrary.html
```

6.3.2 下载 WebDriver

为了使 Selenium 与浏览器通信，需要安装相应的浏览器驱动，例如，IE 的 IEDriver、Firefox 的 geckodriver、Chrome 的 chromeDriver 等。Selenium 的官方文档上提供了 WebDriver 的说明和下载链接。

将需要使用的 WebDriver 下载后，放到操作系统的 Path 环境变量里包含的目录下，或将 WebDriver 的目录加到 Path 环境变量里。

6.3.3 SeleniumLibrary 的使用方法

在开始使用 SeleniumLibrary 之前，先了解一下定位机制。几乎所有的 SeleniumLibrary 关键字都需要使用一定的定位机制才能找到页面上的某个控件、图片或链接等元素。

SeleniumLibrary 提供了几种不同的策略来定位网页上的元素，默认的策略是使用元素的 id 和 name，某些特殊的关键字（如 Click Link）默认使用属性 href 来定位。如果不用 id 和 name 定位，则需要显式地给出定位策略。SeleniumLibrary 的定位策略如表 6-1 所示。

表 6-1　　　　　　　　　　SeleniumLibrary 的定位策略

策略	解释	示例
基于 id	根据元素的 id	id:example
基于 name	根据 name 属性	name:example

续表

策略	解释	示例
基于 identifier	根据 id 或 name	identifier:example
基于 class	根据元素的 class	class:example
基于 tag	根据 Tag 名字	tag:div
基于 xpath	根据 Xpath 表达式	xpath://div[@id="example"]
基于 css	根据 CSS 选择器	css:div#example
基于 dom	根据 DOM 表达式	dom:document.images[5]
基于 link	根据链接显示的字符	link:The example
基于 partial link	根据链接显示的部分字符	partial link:he ex
基于 sizzle	根据 Sizzle 选择器	sizzle:div.example
基于 jquery	根据 jQuery 选择器	jquery:div.example
基于 default	根据关键字默认的定位策略	default:example

在导入 SeleniumLibrary 时，可用的参数及其默认值如下所示。

```
timeout=5.0,
implicit_wait=0.0, #定位元素等待的时间
run_on_failure=Capture Page Screenshot
screenshot_root_directory=None
```

关键字可以参考帮助文档。另外，可以在 RIDE 里先导入 SeleniumLibrary，然后按 F5 键或选择 Tools→Search Keywords 打开 Search Keywords 对话框，最后在 Source 下拉列表框中选择 Selenium- Library，查看所有可用的关键字，如图 6-12 所示。

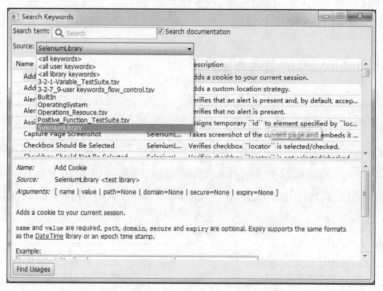

图 6-12　RIDE 中查看 SeleniumLibrary 的所有可用关键字

6.3.4 Web 系统测试用例

假设我们有一个简单的 Web 系统，进入主页前有一个登录页面。如果输入正确的用户名和密码，就可以进入主页；否则，打开一个错误页面，提示用户名或密码错误。唯一正确的用户名和密码为 demo 和 mode。Wed 登录页面如图 6-13 所示。

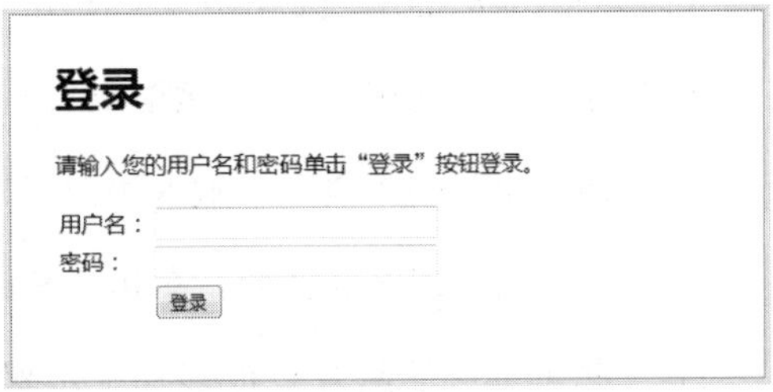

图 6-13 Web 登录页面

从 GitHub 网站搜索 "Robot Framework"，下载本书配套的 src 文件夹，即可在 src/Selenium/WebDemo/demoapp 中查看这个 Web 登录页面的源代码。通过运行 python server.py，在浏览器中输入 http://localhost:7272 可以打开这个页面。

通过查看这个页面的源代码，可以检查各个元素的 id 值，参见下面的源代码中加粗的地方。

```
<body>
  <div id="container">
    <h1>登录</h1>
    <p>请输入您的用户名和密码，后单击"登录"按钮登录。</p>
    <form name="login_form" onsubmit="login(this.username_field.value, this.password_field.value); return false;">
      <table>
        <tr>
          <td><label for="username_field">用户名：</label></td>
          <td><input id="username_field" size="30" type="text"></td>
        </tr>
        <tr>
          <td><label for="password_field">密码：</label></td>
          <td><input id="password_field" size="30" type="password"></td>
        </tr>
        <tr>
          <td> </td>
          <td><input id="login_button" type="submit" value="登录"></td>
        </tr>
      </table>
    </form>
  </div>
</body>
```

针对上面这个简单的 Web 登录页面，我们可以设计以下正常和异常的测试用例。

（1）输入正确的用户名和密码，单击登录后，页面成功跳转至主页。

（2）输入非法的用户名和密码，单击登录后，页面跳转至错误页。

（3）输入正确的用户名，不输入密码，单击登录后，页面跳转至错误页。

（4）输入正确的密码，不输入用户名，单击登录后，页面跳转至错误页。

（5）不输入用户名和密码，单击"登录"按钮后，页面跳转至错误页。

异常测试用例的组合有很多种，步骤都是一样的，只是输入的测试数据（用户名和密码）不一样，我们采用数据驱动方式来实现更加方便。Robot Framework 测试用例如下所示。SeleniumLibrary 提供的关键字用粗体标出。关键字基本上是以自然语言书写的，它们的含义一目了然。

在根目录里存放公共的关键字、变量，并在 Suite Setup 里打开浏览器，在 Suite Teardown 里关闭浏览器。当进入这个目录的时候，打开浏览器；当所有测试用例都执行完毕并准备退出这个目录的时候，关闭浏览器。目录本身无法保存任何东西，实际上，相关内容存放在根目录下的__init__.robot 文件里，内容如下。

```
*** Settings ***
Suite Setup         Open Browser To Login Page
Suite Teardown      Close All Browsers
Resource            resource.robot
```

Open Browser To Login Page 关键字存放在公共的关键字和变量定义的资源文件 resource.robot 里，内容如下。

```
*** Settings ***
Documentation       公共的关键字和变量定义的资源文件
Library             SeleniumLibrary         #导入SeleniumLibrary，所有参数用默认值

*** Variables ***
${SERVER}           localhost:7272
${BROWSER}          chrome
${DELAY}            0
${LOGIN URL}        http://${SERVER}/

*** Keywords ***
Open Browser To Login Page
    Open Browser        ${LOGIN URL}        ${BROWSER}
    Maximize Browser Window
    Set Selenium Speed      ${DELAY}
    Login Page Should Be Open
```

```
Login Page Should Be Open
    Title Should Be      Login Page
```

对于第一个测试用例——输入正确的用户名和密码,单击"登录"按钮,页面成功跳转至主页,新建一个测试套件文件 valid_login.robot 用于存放正常的测试用例,内容如下。

```
*** Settings ***
Documentation    测试用例:输入正确的用户名和密码,单击"登录"按钮,页面成功跳转至主页
Test Setup       Go To Login Page
Resource         resource.robot

*** Test Cases ***
Valid Login
    [Documentation]    测试用例:输入正确的用户名和密码,单击"登录"按钮,页面成功跳转至主页
    Input Username         demo
    Input Password         mode
    Submit Credentials
    Welcome Page Should Be Open
```

所用的关键字都定义在资源文件中,内容如下。

```
*** Variables ***
${SERVER}          localhost:7272
${BROWSER}         chrome
${DELAY}           0
${LOGIN URL}       http://${SERVER}/
${WELCOME URL}     http://${SERVER}/welcome.html
${ERROR URL}       http://${SERVER}/error.html

*** Keywords ***
Input Username
    [Arguments]    ${username}
    Input Text     username_field    ${username}    #用 id:username_field 定位

Input Password
    [Arguments]    ${password}
    Input Text     password_field    ${password}    #用 id:password_field 定位

Submit Credentials
    Click Button   login_button      #用 id:login_button 定位

Welcome Page Should Be Open
    Location Should Be    ${WELCOME URL}
    Title Should Be       Welcome Page
```

对于异常的测试用例,新建一个测试套件文件 invalid_login.robot,用于存放异常的测试用例,内容如下。

```
*** Settings ***
Documentation      存放异常的测试用例的测试套件
...
...                这里面的测试用例逻辑都是一样的，只是输入的数据不一样
...                我们用数据驱动方式来设计测试用例
Test Setup         Go To Login Page
Test Template      Login With Invalid Credentials Should Fail      #测试模板关键字，数据驱动特有
#的定义方式。这个测试套件里的每一个测试用例都按这个模板定义的步骤执行
Resource           resource.robot

*** Test Cases ***       USER NAME              PASSWORD
Invalid Username         invalid                ${VALID PASSWORD}
Invalid Password         ${VALID USER}          invalid
Invalid Username And Password    invalid        whatever
Empty Username           ${EMPTY}               ${VALID PASSWORD}
Empty Password           ${VALID USER}          ${EMPTY}
Empty Username And Password      ${EMPTY}       ${EMPTY}


*** Keywords ***
Login With Invalid Credentials Should Fail
    [Arguments]    ${username}    ${password}
    Input Username    ${username}
    Input Password    ${password}
    Submit Credentials
    Login Should Have Failed

Login Should Have Failed
    Location Should Be    ${ERROR URL}
    Title Should Be       Error Page
```

上面的测试用例使用了数据驱动方式，其中 Test Template 用于使这个测试套件里的每一个测试用例都按模板 Login With Invalid Credentials Should Fail 执行。在每个测试用例里，只需输入模板里要求的两个变量，即错误的用户名或错误的密码即可。

示例代码参见 GitHub 网站。

6.4 手机 App 测试

智能手机（包括 Android 系统、iOS 系统等）已经成为我们日常生活中不可或缺的一部分，手机上大量的 App 涉及衣食住行的方方面面。在移动互联网时代，手机上的 App 的种类已经超越了计算机上的 App。

Appium 是一个专门针对 Android 和 iOS 系统开发的测试工具，Robot Framework 提供了集成

Appium 的测试库 AppiumLibrary。下面以 Android 手机 App 测试为例,讲解测试环境的搭建。

6.4.1 安装 JDK、Android SDK 和模拟器

Android 系统是基于 Java 的,JDK 和 Android SDK 是测试 Android 手机上的 App 的先决条件。网上的很多帖子了介绍如何安装这两个软件,读者可以上网搜索并下载、安装相关的安装包。安装完后,需要创建或更新下面这些变量。

- JAVA_HOME:设置为 JDK 主目录。
- CLASSPATH:设置为%JAVA_HOME%\lib;%JAVA_HOME%\lib\tools.jar。
- ANDROID_HOME:设置为 Android SDK 目录。
- PATH:设置为…;%JAVA_HOME%\bin;%JAVA_HOME%\jre\bin;%ANDROID_HOME%\platform-tools;%ANDROID_HOME%\tools。

另外,可以用真机也可以通过安装 Android 模拟器进行 Robot Framework 测试用例的调试。网上有许多好用的模拟器,作者使用的是一款叫夜神的模拟器。如果使用真机,则需要安装手机驱动,使手机进入开发者模式,打开 USB 调试。不会的读者可以自行上网搜索,在此就不讲述如何安装模拟器和如何连接真机了。

6.4.2 安装 Appium 服务器

Appium 服务器是与手机交互的工具,Robot Framework 里的 AppiumLibrary 只是 Appium 的一个接口包装。Robot Framework 测试用例通过 AppiumLibray 调用 Appium 服务器,再由服务器负责与手机通信。

安装 Appium 之前,需要先安装 Node.js,到 Node.js 官网下载最新版本并安装。安装完成后,在 Windows 命令行窗口中输入以下命令检查版本号。如果没有报错,表明安装成功。

```
C:\>node -v
v10.14.1
C:\>npm -v
6.4.1
```

安装 Appium 服务器,在 Windows 命令行窗口中输入以下命令。

```
C:\>npm install -g appium
C:\>npm install -g appium-doctor
```

上述 npm 在安装时会从 Google 下载 Chrome 驱动,如果不能访问外网,会出现报错而退出。可以搜索国内资源,下载 Appium 服务器安装包并进行安装。相关工具参见 GitHub 网站。离线

安装 node-v×××.msi 和 AppiumForWindows_ ×××.zip 里的 appium-installer.exe。安装完成后，在 Windows 命令行窗口中输入 appium-doctor 检查 Appium 服务器是否安装成功。

```
c:\>appium-doctor
info AppiumDoctor Appium Doctor v.1.6.0
info AppiumDoctor ### Diagnostic starting ###
info AppiumDoctor  ✔ The Node.js binary was found at: C:\Program Files (x86)\nodejs\node.exe
info AppiumDoctor  ✔ Node version is 10.14.1
info AppiumDoctor  ✔ ANDROID_HOME is set to: C:\android-sdk\sdk
info AppiumDoctor  ✔ JAVA_HOME is set to: C:\Program Files (x86)\Java\jdk1.8.0_191
info AppiumDoctor  ✔ adb exists at: C:\android-sdk\sdk\platform-tools\adb.exe
info AppiumDoctor  ✔ android exists at: C:\android-sdk\sdk\tools\android.bat
info AppiumDoctor  ✔ emulator exists at: C:\android-sdk\sdk\tools\emulator.exe
info AppiumDoctor  ✔ Bin directory of %JAVA_HOME% is set
info AppiumDoctor ### Diagnostic completed, no fix needed. ###
info AppiumDoctor
info AppiumDoctor Everything looks good, bye!
info AppiumDoctor
```

如果看见类似上面的信息，表示 Appium 服务器及其依赖安装完成。在"开始"菜单里找到 Appium，然后运行它，单击右上角的启动按钮，就可以按默认配置启动 Appium 服务器。图 6-14 所示界面表示 Appium 服务器成功启动并在本机 4723 端口上监听。

图 6-14　Appium 服务器成功启动并在本机 4723 端口上监听

6.4.3 安装 AppiumLibrary

首先，在 PyPI 网站上搜索 AppiumLibrary，可以找到 robotframework-appiumlibrary。

要安装 AppiumLibrary，在 Windows 命令行窗口中输入以下命令。

```
C:\ >pip install robotframework-appiumlibrary
……
Successfully installed Appium-Python-Client-0.31 decorator-4.3.0 docutils-0.14 kitchen-
1.2.5 robotframework-appiumlibrary-1.5
```

如果看见上面的消息，就表示安装成功。AppiumLibrary 的帮助文档没有随软件一起提供，用下面的命令可以自己生成一份帮助文档。

```
c:\> python -m robot.libdoc  AppiumLibrary  AppiumLibrary.html
```

6.4.4 AppiumLibrary 的使用方法

和 SeleniumLibrary 类似，对于 Android 系统的测试，需要对 App 上的元素进行定位来实现单击并取得元素的属性。AppiumLibrary 的定位策略如表 6-2 所示。

表 6-2　　　　　　　　　　AppiumLibrary 的定位策略

策略	解释	示例
基于 identifier	根据@id 属性定位	Click Element | identifier=my_element
基于 id	根据@resource-id 属性定位	Click Element | id=my_element
基于 name	根据@content-desc 属性定位	Click Element | name=my_element
基于 accessibility_id	根据@accessibility_id 属性定位	Click Element | accessibility_id=button3
基于 xpath	根据 Xpath 表达式定位	Click Element | xpath=//*[contains(@text, '${digit1}')]
基于 class	根据 class 定位	Click Element | class=UIAPickerWheel
基于 android	根据 Android UI Automator 定位	Click Element | android=UiSelector().description('Apps')
基于 ios	根据 iOS UI Automator 定位	Click Element | ios=.buttons().withName('Apps')
基于 css	根据 CSS 定位	Click Element | css=.green_button

6.4.5 手机 App 版计算器测试示例

我们下载一个小米计算器，APK 包参见 GitHub 网站。本节以这个小米计算器作为测试用例来讲解如何使用 AppiumLibrary 测试手机 App。下面就是全部 Robot Framework 测试用例的代码。

只有一个测试文件 calculator.robot，关键的步骤和定义通过 Documentation 或注释添加在代码中。

```
*** Settings ***
Suite Setup         Open Calc App           #进入测试套件后，首先打开计算器
Suite Teardown      Close Application       #执行完后关闭打开的 App
Test Setup          Clear Calculator        #每一个测试用例执行前先清零
Library             AppiumLibrary           #导入 AppiumLibrary

*** Variables ***
${btn_id_plus}      com.miui.calculator:id/btn_plus_s      #加号按钮的 id
${btn_id_result}    com.miui.calculator:id/btn_equal_s     #等号按钮的 id
${btn_id_sub}       com.miui.calculator:id/btn_minus_s     #减号按钮的 id

*** Test Cases ***
Addition_testcase
    [Documentation]    加法测试，单击任意两个数字验证相加结果
    [Tags]    android    addition
    Click Digits And Operator    3    6    ${btn_id_plus}
    Verify Result    9

Subtraction_testcase
    [Documentation]    减法测试，单击任意两个数字验证相减结果
    [Tags]    android    subtraction
    Click Digits And Operator    6    2    ${btn_id_sub}
    Get Result
    Verify Result    4

*** Keywords ***
Open Calc App
    [Documentation]    在模拟器中打开小米计算器
    Open Application    http://localhost:4723/wd/hub    platformName=Android
    platformVersion=4.4.2    deviceName=127.0.0.1:62001    appPackage=com.miui.calculator
        appActivity=.cal.CalculatorActivity

Click Digits And Operator
    [Arguments]    ${digit1}    ${digit2}    ${operator}
    [Documentation]    接受两个数字和一个运算符作为输入参数，在计算器上单击相应的按钮
    Click Element    xpath=//*[contains(@text, '${digit1}')]
    Click Element    id=${operator}
    Click Element    xpath=//*[contains(@text, '${digit2}')]
    Click Element    id=${btn_id_result}

Get Result
```

```
    [Documentation]        单击"="按钮查看结果
    Click Element      id=${btn_id_result}

Verify Result
    [Arguments]        ${expected_result}
    [Documentation]        在结果输出区域检查结果
    Page Should Contain Text    =
    Page Should Contain Text    ${expected_result}

Clear Calculator
    [Documentation]        计算器清零
    Click Element      id=com.miui.calculator:id/btn_c_s
```

在关键字 Open Calc App 中，调用 AppliumLibrary 的关键字 Open Application 来安装和打开小米计算器。关键字 Open Application 的参数及其解释如表 6-3 所示。

表 6-3　　　　关键字 Open Application 的参数及其解释

参数	解释
http://localhost:4723/wd/hub	Appium 服务器的默认地址
platformName=Android	测试 Android 系统
platformVersion=4.4.2	Android 系统的版本号
deviceName=127.0.0.1:62001	夜神模拟器的 id。可以用 adb devices 命令查看所有连接的 Android 设备
app=${CURDIR}${/} com.miui.calculator.apk	计算器安装包的位置
appPackage=com.miui.calculator	计算器包名
appActivity=.cal.CalculatorActivity	计算器主 activity

其中，对于 appPackage 和 appActivity，如果不能看见源代码，可以通过 Android SDK 的 aapt.exe 查看。

```
c:\android-sdk\sdk\build-tools\android-4.4W>aapt.exe dump badging d:\com.miui.calculator.apk
package: name='com.miui.calculator' versionCode='127' versionName='10.0.27'
sdkVersion:'16'
targetSdkVersion:'26'
uses-permission:'android.permission.ACCESS_FINE_LOCATION'
……
launchable-activity: name='com.miui.calculator.cal.CalculatorActivity'  label='Calculator' icon=''
……
```

关键字 Click Element 用来模拟单击某一个按钮。小米计算器的按钮设计比较奇特，相信很多人一开始以为"+""-""×""÷"这些按钮和数字均是 Text View。用

xpath=//*[contains(@text, '+')]去定位按钮，会发现找不到按钮。如果用户第一次测试 Android 手机 App，可能除了找开发人员要每一个按键的 id 值就束手无策了。其实 Android SDK 提供了一个工具，可以查看当前界面上的所有元素属性。这个工具是 uiautomatorviewer.bat，在 android-sdk\sdk\tools 目录下找到它并双击。首先在 Android 设备上打开小米计算器，然后在 UI Automator Viewer 窗口（见图 6-15）中单击 Device Screenshot 按钮，在弹出的对话框里选择要抓取的设备，并单击 OK 按钮，稍等片刻就会抓取屏幕。

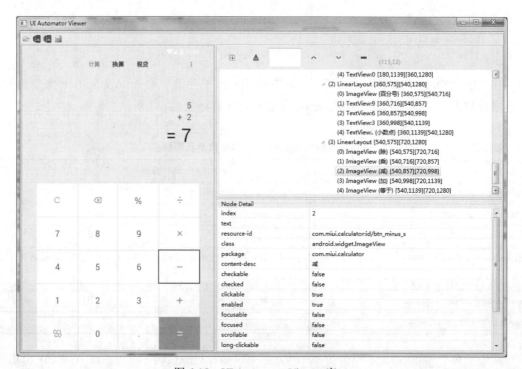

图 6-15　UI Automator Viewer 窗口

可以看见，"+""-""×""÷"这些按钮并不是 TextView，而是 ImageView，它们居然是图片。在右下角的属性里可以看见为这些按钮定义了 resource-id。有这个 resource-id，问题就好办了，可以用 id=com.miui.calculator:id/btn_minus_s 来定位"-"按钮。

在验证结果的关键字里，使用了 Page Should Contain Text，这个关键字用于在全部页面中搜索某个文本。因为这个计算器没给结果栏设置 id 值，定位就比较困难，所以没有通过 id 精确地匹配值。从图 6-16 可以看出，计算结果放在一个没有 id 也没法唯一确定属性的 TextView 里。用 Page Should Contain Text 是一种简单有效的验证方式。

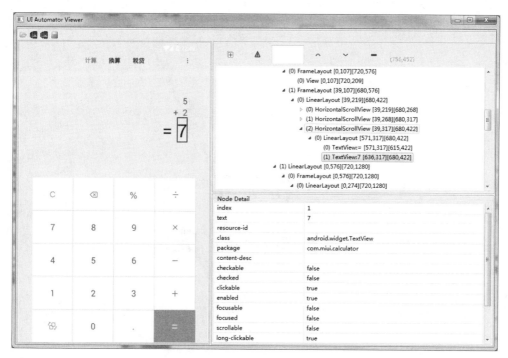

图 6-16　计算结果存放在 TextView 中

6.5　小结

本章通过举例的方式讲解了常见的几种被测系统的测试方法，包括运行在 Windows 操作系统上的 GUI 应用程序、运行于远程 Linux 服务器上的系统、基于 Web 的系统，以及智能手机 App 的测试方法。每一种系统都有相应的一种到多种专业的测试工具，Robot Framework 为这些专业的测试工具提供了用户易读、易理解的关键字。让测试人员即使没有相关的 Java、Python 等编程基础，也能快速地使用它们来设计测试用例，从而把更多精力花在测试用例的设计上，而不是熟悉编程语言和测试工具的使用上。本章对每一种测试库只介绍了几个简单的关键字的使用方法，希望读者能举一反三。设计测试用例前，仔细阅读相应测试库的帮助文档，了解所有关键字的作用和用法，熟练运用于 Robot Framework 测试用例的实现中。

第 7 章
持 续 集 成

在敏捷开发方法中有一种方法叫极限编程（eXtreme Programming，XP），用来指导敏捷应该怎么做，如结对编程、持续集成、测试驱动开发、自动部署等。其中持续集成是指所有程序员包括开发人员和测试人员在完成一个小功能后就提交代码，鼓励每天多次提交。提交完成后，系统会自动编译代码和运行单元测试用例，之后将软件部署到目标机中运行集成测试用例（有的也叫组件测试用例）。如果所有测试用例运行成功，可以进一步推送软件到下一阶段，如推送到发布系统或进行性能测试、稳定性测试、安全测试等。如果单元测试或集成测试用例运行失败，则生成测试报告并推送给测试和开发人员进行分析，测试或开发人员修改后，再一次提交代码，供持续集成系统验证。

如果要完全了解 Robot Framework，应该离不开持续集成。因为 Robot Framework 是一个自动化测试框架，对于基于 Robot Framework 的自动化测试用例，如果没有持续集成的辅助，就很难发挥出每提交一次代码就自动触发自动化运行测试用例做回归测试的优势。基于 Robot Framework 的测试用例不是单元测试，而是属于持续集成里的集成测试或叫组件测试。单元测试一般是指对程序中一个或几个方法/函数的白盒测试，一般由开发人员用 JUnit 或 CppUnit 等工具完成。

目前市面上持续集成的工具有很多，如 Jenkins、Bamboo、Go、GitLab 等，其中非常受欢迎的应该是开源的 Jenkins。Jenkins 是一款用 Java 编写的开源的持续集成工具。当 Oracle 收购 Sun 时，它作为 Hudson 的分支被开发出来。Jenkins 是一个跨平台的持续集成工具，它通过图形用户界面和控制台命令进行配置。Jenkins 可以通过插件扩展功能，Robot Framework 的支持就是通过插件扩展的。Jenkins 是根据 MIT 许可协议发布的，因此可以自由地使用和分发。

7.1 安装和配置 Jenkins

Jenkins 是一个跨平台的持续集成工具，能安装在各种操作系统上。一般来说，为了稳定和高效，我们都将 Jenkins 搭建在 Linux 服务器上。但是大部分读者对 Linux 操作系统可能不太熟悉，自己安装一套 Linux 操作系统，并在其上安装 Robot Framework 及其第三方库有一定难度。本书采用在 Windows 操作系统上安装的 Jenkins 来进行讲解。对于一个全新操作系统，前面安装的 Robot Framework 及其第三方库都需要安装在新的操作系统上。

7.1.1 下载 Jenkins

可以从 Jenkins 官网下载安装包。如果官网不能访问，可以访问 mirrors.jenkins-ci 镜像站点。推荐下载 war 包。war 包和操作系统无关。如果用户有 Servlet 容器（如 Tomcat），可以直接放在 webapp 下。如果用户没有 Servlet 容器，war 包里自带了 Jetty，可以直接启动。Windows 操作系统的 msi 文件除自带 jre 外，还会创建一个系统服务来启动 Jenkins。

7.1.2 启动 Jenkins

假如我们将 jenkins.war 放在 D:\jenkins\下，首先在 Windows 命令行窗口中运行下面的命令来启动 Jenkins。

```
D:\Jenkins>java -jar jenkins.war --httpPort=8080
```

--httpPort=8080 用于指定端口，默认端口号就是 8080。

然后，在浏览器中输入 http://localhost:8080 即可访问 Jenkins。如果几分钟后 Jenkins 还显示图 7-1 所示的等待界面，说明无法通过 Jenkins 官网下载文件或网速过慢。

可以继续等待它超时，进入下一步，但是不知道超时有多久，可能等了 5min 都没等到超时。如果很久没有超时，可以按 Ctrl+C 组合键终止访问，然后修改文件$user.home/.jenkins/hudson.model.UpdateCenter.xml。$user.home 是用户目录，在刚启动 Jenkins 的控制台的日志里能找到具体的目录，如 C:/Users/Administrator。把 URL 标签里的地址改为镜像站点，如 http://mirrors.jenkins-ci.org/updates/update-center.json，或直接写一个不可达的 URL 地址，让 Jenkins 启动后，再改成可用的服务器。

```xml
<?xml version='1.1' encoding='UTF-8'?>
  <sites>
    <site>
      <id>default</id>
<!--
      <url>https://updates.jenkins.io/update-center.json</url>
-->
      <url>http://mirrors.jenkins-ci.org/updates/update-center.json</url>
    </site>
  </sites>
```

图 7-1　Jenkins 官网的等待界面

重新启动 Jenkins，如果几十秒后看见图 7-2 所示的信息，表示 Jenkins 成功启动。

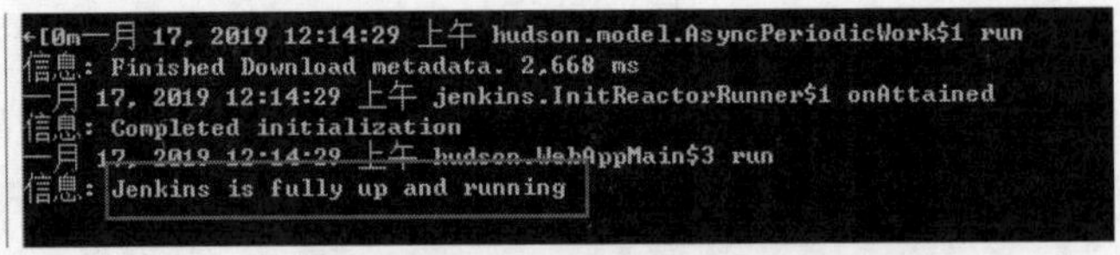

图 7-2　Jenkins 成功启动的信息

再次打开 http://localhost:8080，很快就能进入配置向导，根据提示一步一步设置，由于网络方面的问题，在设置过程中可能无法下载插件。如果不能下载插件，之后可以从镜像服务器下载并离线安装。完成后就会进入图 7-3 所示的 Jenkins 主界面。注意，用中文版 Windows 系统打开的 Jenkins 界面汉化得不太好，部分选项是中文的，部分选项是英文的。

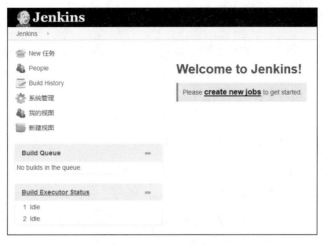

图 7-3　Jenkins 主界面

7.1.3　安装插件

在图 7-3 所示的 Jenkins 主界面中，选择"系统管理"→"插件管理"，单击 Available 选项卡，如果没有列出任何插件，在 Advanced 选项卡里将 Update Site url 改为 http://mirrors.jenkins-ci.org/updates/update-center.json，单击 Submit 后再回到 Available 选项卡应该就能列出插件了。如果还不行，可以在网上搜索一些 Jenkins 镜像更新站点，或设置代理服务器访问外网。如果选择安装 Robot Framework 插件，Jenkins 会自动安装依赖的插件，如图 7-4 所示。

图 7-4　安装 Robot Framework 插件及依赖的插件

7.1.4 添加节点

Jenkins 的任务由一个一个的节点控制执行，节点分为 Master 节点和 Slave 节点。Slave 节点可以在本机上，也可以在不同的物理机或虚拟机上。若在 Master 节点上运行 Robot Framework 测试用例，将不支持运行有 UI 的测试用例，所以需要添加一个 Slave 节点来执行。大多数实际应用中，会有多台计算机加入 Jenkins Master 节点进行分布式部署，所以不管用不用 UI，都建议添加 Slave 节点，以方便扩展到多个节点上，实现负载均衡。

在 Jenkins 主界面中，选择"系统管理"→"节点管理"，进入节点设置界面，初始会有一个默认的 Master 节点，如图 7-5 所示。

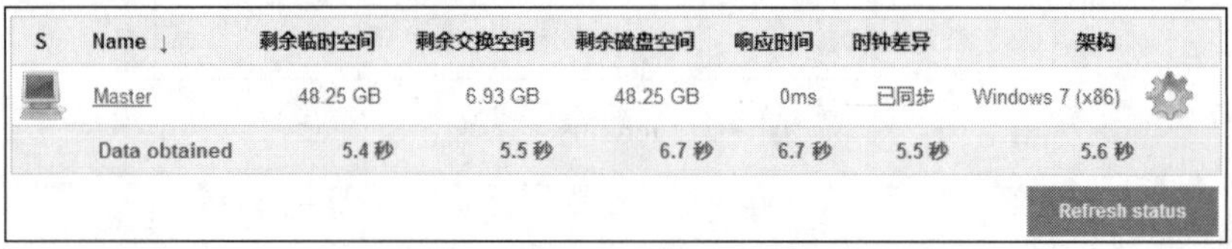

图 7-5 默认的 Master 节点

单击左侧窗格中的 New Node，以添加一个新的 Slave 节点，设置节点名称，并勾选"固定节点"复选框，然后单击 OK 按钮进入下一步，具体配置这个 Slave 节点。图 7-6 展示了一个 Slave 节点的相关配置，用户可以根据自己的情况填写。单击文本框右边的问号可以看到每一项的解释。

图 7-6 Slave 节点的相关配置

在图 7-6 所示的界面中，注意以下几个选项。

- **# of executors**：并发构建数，帮助文档中建议使用处理器个数作为其值。但是如果要运行 Robot Framework 测试用例，最好设置成 1，这样就不会互相干扰和发生冲突。

- **Remote root directory**：Slave 节点的工作目录，必须填写，建议用绝对路径指定。这个目录只用于存储 Slave 节点自己使用的临时文件，如编译时下载的工具、依赖包、Robot Framework 运行完生成的测试报告等。

- **Labels**：标签，给这个 Slave 节点设置一个标签。可以对一批 Slave 节点设置同一个标签，Jenkins 的构建任务可以在设置了某个标签的 Slave 节点上运行。当触发构建任务时，Jenkins 会随机选择一个具有某个标签的空闲 Slave 节点并在该节点上运行。

- **Launch method**：启动方式，设置 Master 节点如何启动 Slave 节点。当在这个 Slave 节点上运行任务的时候，Master 节点需要和 Slave 节点建立双向的连接。"通过 Java Web 启动代理"这种启动方式很快捷，但在默认情况下，是没有"通过 Java Web 启动代理"这一选项的，需要手动配置 Jenkins。

配置 Jenkins 使其支持"通过 Java Web 启动代理"的方法如下。

（1）在 Jenkins 主界面中，选择"系统管理"→"全局安全配置"（Configure Global Security），打开"全局安全配置"界面。

（2）在 Agents 选项组中，将 TCP port for JNLP agents 设置为 Random，勾选 Agent Protocols 右侧的所有协议，并勾选 Enable Agent→Master Access Control 复选框，如图 7-7（a）与（b）所示。

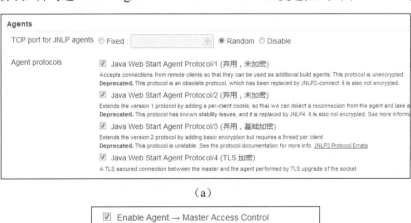

（a）

（b）

图 7-7 设置 Java Web 启动代理

保存后，配置节点时就可以看到"通过 Java Web 启动代理"这一选项了。

7.1.5　启动节点

在节点列表中可以看到，刚才创建的 Slave 节点的图标上有一个叉号，这代表当前此 Slave 节点处于 offline 状态。单击 Slave 节点的名称，可以看到 Jenkins 给出了两种启动的方法，如图 7-8 所示。

图 7-8　启动 Slave 节点的两种方法

单击 Launch 按钮会弹出"正在打开 slave-agent.jnlp"对话框，如图 7-9 所示。单击"打开，通过"单选按钮，单击"确定"按钮运行它。

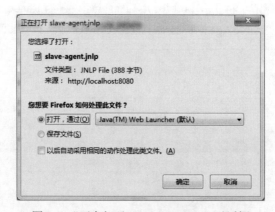

图 7-9　"正在打开 slave-agent.jnlp"对话框

稍等片刻，就会弹出 Jankins agent 窗口，如图 7-10 所示。

再次查看节点列表，会发现 Slave 节点的图标上面的叉号已经消失了，如图 7-11 所示。这表示 Slave 节点成功连接上了。

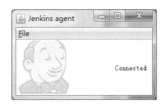

图 7-10　Jankins agent 窗口

S	Name ↓	剩余临时空间	剩余交换空间	剩余磁盘空间	响应时间	时钟差异	架构	
	master	48.25 GB	6.89 GB	48.25 GB	0ms	已同步	Windows 7 (x86)	
	RF_demo	48.25 GB	6.90 GB	184.77 GB	132ms	已同步	Windows 7 (x86)	
	Data obtained	3 分 17 秒	3 分 16 秒	3 分 17 秒	3 分 17 秒	3 分 17 秒	3 分 17 秒	

图 7-11　Slave 节点的图标上面的叉号已经消失了

7.2　执行 Robot Framework 测试用例

完成上面的配置只表示 Jenkins 准备工作做好了，还没有执行任何业务。要用它来执行 Robot Framework 测试用例，需要创建任务。

7.2.1　创建任务

在 Jenkins 主界面的左侧窗格中，单击“New 任务”，在弹出的界面中，输入一个任务名称，并选择“构建一个自由风格的软件项目”，单击 OK 按钮进入配置 Job 的界面。

下面介绍配置 Job 的界面中的 General、Source Code Management、Build Triggers、Build 和 Post-build Actions 选项卡。

1．General 选项卡

在 General 选项卡中，勾选以下几个复选框。

- “丢弃旧的构建”：每一次运行任务都会生成一些临时文件、日志记录等，时间久了会占用大量的磁盘空间，所以需要将旧的构建信息清除。清除方式有两种——按天保留或按构建次数保留。我们设置保留最近 10 次的构建信息，如图 7-12 所示。
- “数化构建过程”：运行任务时可以额外指定一些参数，如软件版本号、编译环境参数、变量参数等。
- Restrict where this project can be run：限制任务运行的节点。可以设置此任务只在拥有

指定标签的 Slave 节点上运行，如图 7-13 所示。

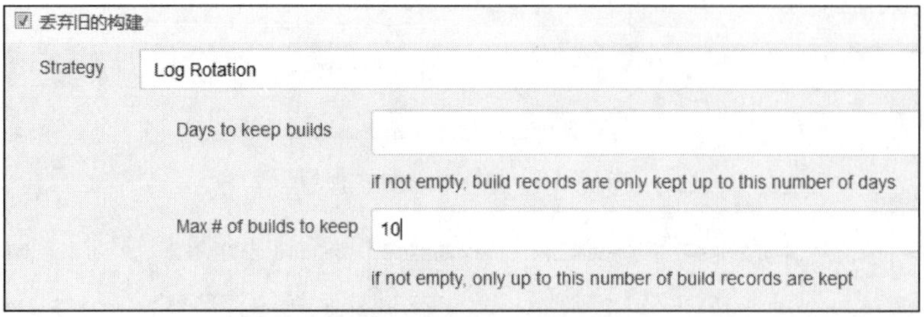

图 7-12　保留最近 10 次的构建信息

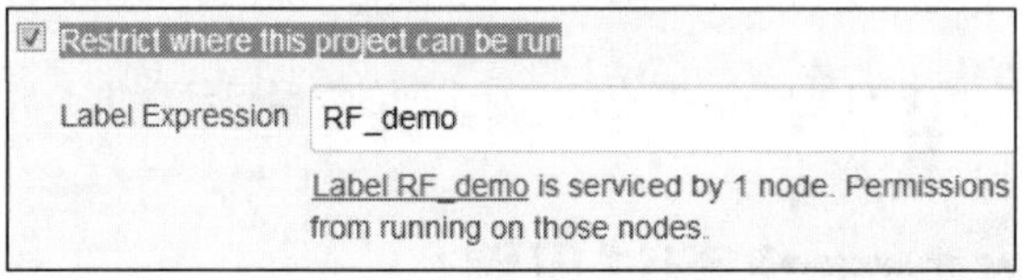

图 7-13　限制任务只在拥有指定标签的 Slave 节点上运行

2．Source Code Management 选项卡

根据具体项目的情况进行源代码管理。源代码管理工具众多，Jenkins 默认已经安装了 Git 和 Subversion。Git 是目前比较流行的源码管理工具。下面以 GitHub 为例介绍具体步骤。

（1）用一个对项目有写权限的用户登录 GitHub，单击右上角的用户头像，选择 Settings，在弹出的界面中，选择 Profile→Developer settings。在弹出的界面中，选择 Personal access tokens，单击 Generate new token 按钮，生成 GitHub Token。

（2）填写一个 Token 的描述，勾选 repo 和 admin:repo_hook 复选框，如图 7-14 所示。另外，单击 Generate Token 按钮。保存 Token，如果忘记保存，导致以后无法查看，只能重新生成一个新的 Token。这个 Token 要填在 Jenkins 里，让 Jenkins 有权限访问 GitHub 上的代码。

（3）如果 Jenkins 部署在公网上，可以在 GitHub 上设置 Hook，这样在 GitHub 上提交代码后会立即触发 Jenkins Job 运行。如果 GitHub 不能访问 Jenkins，则略过这一步。

（4）进入 GitHub 上指定的项目，选择 Settings 选项卡中的 Webhooks，单击 Add webhook 按钮，添加 Webhook，在 Payload URL 中填入刚刚部署 Jenkins 的服务器的地址，如 https://111.111.111.111:8080/github-webhook。具体设置如图 7-15 所示。

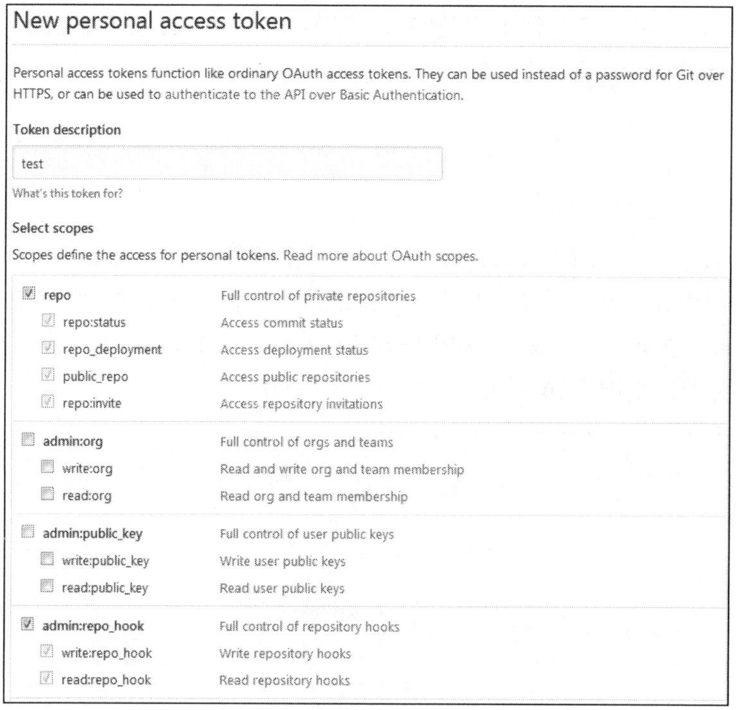

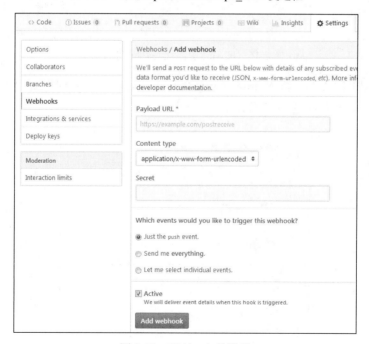

图 7-14　勾选 repo 和 admin:repo_hook 复选框

图 7-15　Webhook 的设置

（5）在 Jenkins 所在的服务器上安装 Git，并将 Git 的 Bin 目录添加到系统的 PATH 环境变量里。在 Windows 系统的命令行窗口中直接输入 git--version，如果能正常显示，就表示 Git 安装好了。

```
d:\>git --version
git version 2.19.1.windows.1
```

（6）如果还没有安装 GitHub Plugin 插件，可以在插件管理中安装这个插件。安装好后，在 Jenkins 主界面中，选择"系统管理"→"系统设置"在弹出的界面中，在 GitHub 选项组中，设置 GitHub 服务器的"名称""API URL"，并单击"添加 GitHub 服务器"按钮，添加一个 GitHub 服务器，如图 7-16 所示。

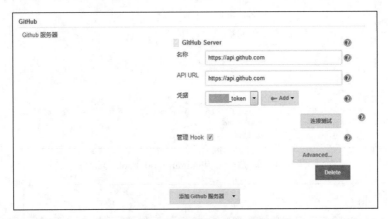

图 7-16 Jenkins 里添加 GitHub 服务器

（7）在"API URL"中输入 https://api.github.com。单击"凭据"后的 Add 按钮，添加一个凭据，凭据的设置如图 7-17 所示。

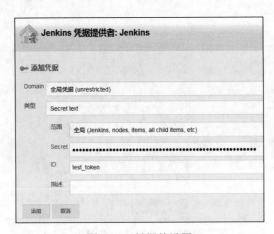

图 7-17 凭据的设置

（8）对于"类型"，选择 Secret text，把在 GitHub 上生成的 Token 填在 Secret 里，设置 ID。返回图 7-16 所示的界面，在"凭据"下拉列表里选择这个刚添加的凭据，然后单击"连接测试"按钮测试连通性。如果看见一条如下的信息，则表示配置成功。

```
Credentials verified for user ××××, rate limit: ××××
```

（9）返回配置 Job 的界面，继续配置刚才创建的任务。在 Jenkins 主界面中选择"New 任务"→"Configure"。在弹出的界面中，在 General 选项卡里勾选"GitHub 项目"复选框，"项目 URL"文本框中可输入在 GitHub 中的项目路径，如图 7-18 所示。

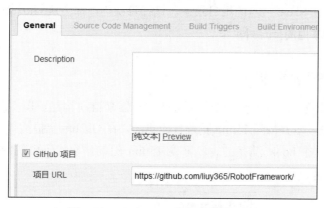

图 7-18 Jenkins Job 里指定项目 URL

（10）Source Code Management 选项卡中的相关设置如图 7-19 所示。

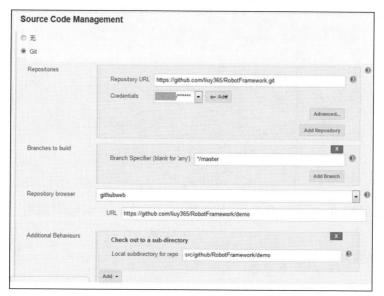

图 7-19 Source Code Management 选项卡中的设置

- 在 Repository URL 文本框里输入 GitHub 页面的地址，这和用 git clone <项目 url>输入内容相同。

- 在 Credentials 文本框里添加一个用户名和密码创建的凭据。

- 在 Branch Specifier（blank for 'any'）文本框里输入 Branch 的名字。

- 在 Repository browser 里文本框选择 githubweb，在 URL 文本框里输入项目地址。

- 在 Additional Behaviours 选项组里添加 Check out to a sub-directory 并指定一个目录，此目录将放置在 Slave 节点的根目录下。这样每次构建都会从 GitHub 上下载最新的源代码并存放到本地的指定目录里。

3．Build Triggers 选项卡

我们可以手动触发一个构建，也可以通过触发器来自动构建。图 7-20 中指定同时使用 GitHub 上的 hook 触发器并每隔 15min 轮询代码更新。在 GitHub 上提交代码后就会触发构建。如果出于某种原因这个 hook 没有生效，每隔 15min 轮询一次代码更新情况，也会发现由于代码改变而触发构建。

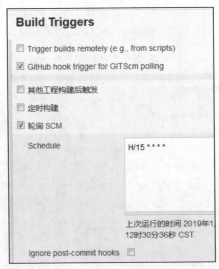

图 7-20　使用 GitHub 上的 hook 触发器并每隔 15min 轮询代码更新

4．Build 选项卡

一般情况下，测试用例和被测系统都放在同一个源码管理工具中，可以用 Maven 来打包新版本的被测系统和相应的 Robot Framework 测试用例。如果只验证 Robot Framework 测试用例，

可以选择执行 Windows 批处理命令来使 Robot Framework 运行指定的用例集，如图 7-21 所示。

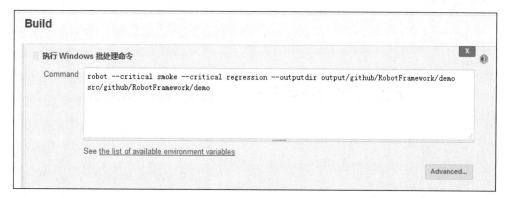

图 7-21　通过执行 Windows 批处理命令来使 Robot Framework 运行指定的用例集

5．Post-build Actions 选项卡

构建完后要进行的操作包括生成测试报告、推送软件到发布系统、发送邮件提醒等。构建完成后的操作设置如图 7-22 所示。

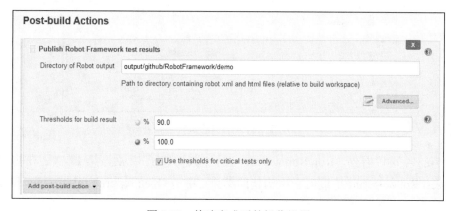

图 7-22　构建完成后的操作设置

- Directory of Robot output：启动 robot 命令行并运行 Robot Framework 测试用例后生成的 XML 文件输出目录，即 --outputdir 指定的路径。

- Thresholds for build result：有两个阈值——90.0%和 100.0%。如果测试用例通过率为 100%，则标记为成功（pass）；如果测试用例通过率大于 90%且小于 100%，则标记为不稳定（unstable）；如果测试用例通过率低于 90%，则标为失败（fail）。

- Use thresholds for critical tests only：表示只执行标记为 critical 标签的测试用例。robot 命令行用 --critical 参数指定关键测试用例的标签名。

7.2.2 任务概览

任务配置完成并提交代码后，Jenkins 会自动运行 Robot Framework 测试用例。图 7-23 展示了测试用例的执行结果。

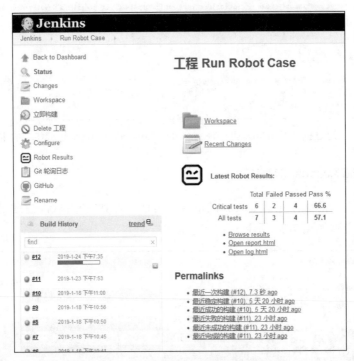

图 7-23　测试用例的执行结果

从图 7-23 中可以看到，Run Robot Case 任务一共构建了 12 次，第 12 次还在构建中。右侧中的 Latest Robot Result 是最后一次构建的结果，单击 Open report.html 或 Open log.html 超链接，可以看到相应的测试报告和日志。

7.3　小结

本章粗略地讲解了 Jenkins 的基本用法，介绍了如何利用 Jenkins 集成 Robot Framework 来执行测试用例。Jenkins 是一个好用但复杂的工具，需要深入学习的读者可以阅读专业的 Jenkins 书籍。本章介绍的知识点仅够用来运行 Robot Framework 测试用例。

第 8 章
实战——购物车的测试

前面章节讲了很多知识点，包括 Robot Framework 的架构、Robot Framework 测试数据、编写 Robot Framework 测试用例、执行 Robot Framework 测试用例、常用的被测系统、用 Jenkins 来做持续集成等。本章用一个实例来讲解如何从零开始一步一步编写自动化测试用例，验证软件系统。我们将使用敏捷实践中的 ATDD 方法来设计和实现这个产品。

以淘宝购物车为例，我们将从用户需求分析、测试点设计、测试套件设计、持续集成等方面来开始自动化测试用例的设计和实现。购物车有 Web 版和 App 版，除与被测系统通信的具体步骤不同外，其他如用户需求、测试点等是相同的。下面分别用 Web 版和 Android App 版来举例说明如何用 Robot Framework 来测试购物车。

8.1 用户需求分析

说起购物车，我们参考实体超市里的购物车模式。用户能推着购物车在超市里到处走，可以随时往购物车里放想买的商品，也可以随时从购物车里拣出选错的商品，选好商品后能查看购物车里的商品以估算总价，选好所有商品后能推到收银台结账。

从软件层面来讲，购物车不用用户主动推着它到处走，但是它应该能随时紧跟在用户身边，当用户中意某个商品时，可以随手单击"加入购入车"按钮把商品加入购物车。对于实体购物车,我们能直观判断购物车是否已装满;而对软件实现的购物车来说,我们可以认为它是一个超级巨大的购物车,不用担心它会被填满。用户逛完超市,面对实体购物车,如果想看看有哪些商品、想知道它们总共需花多少钱、想要多买几件某个商品或不想要某个商品,就比较麻烦。对于这一点,软件购物车应该有绝对的优势,可以在屏幕上一项一项地列出所有商品,可以轻松修改商品数量或将不想要的商品移出购物车。

对于软件购物车,根据基本需求,本章以用户故事的方式描述。

8.2 测试点设计

根据用户需求,我们可以开始设计测试点。所谓测试点,指的是分析终端用户的使用场景,对每一个使用场景细化出具体的输入和期望结果。开发人员根据测试点来设计软件以实现所有功能,同时测试人员也基于这些测试点来设计测试用例,以验证软件是否按用户期望的那样设计和开发。如果所有测试点都通过测试,表明这个使用场景开发完成,可以交付给用户使用了。

我们大概可以设计出如下一些测试点。

(1)作为用户,当他看中某个商品时,能方便地单击"加入购物车"按钮,以便将商品加入购物车。US1(用例1)的测试点如表8-1所示。

表8-1　　　　　　　　　　　　　US1的测试点

动作	期望结果
打开某个商品详情页	页面上有"加入购物车"按钮

(2)作为用户,当他打开购物车页面时,能看见所有挑选的商品列表及其信息,以便检查是不是他选择的商品。US2的测试点如表8-2所示。

表8-2　　　　　　　　　　　　　US2的测试点

动作	期望结果
打开购物车页面	① 购物车里的商品一个一个显示在页面上。 ② 商品的信息包括所属店铺、图片、名称、单价、数量、金额和可用的操作等信息。 ③ 如果商品有特殊服务,如支持信用卡、7天无理由退换等,显示在商品旁。 ④ 商品按店铺分类,同一店铺的商品放在一起。 ⑤ 有店铺的旺旺快捷入口
假如购物车每页显示20个商品,选择大于20个商品加入购物车,然后打开购物车页面	① 购物车页面中分页显示所有商品,每页最多20个。 ② 有下一页、上一页、第一页、最后一页等链接和直接输入页数的文本框

(3)作为用户,当他浏览购物车页面时,能随时修改商品数量或将商品移出购物车,以便根据需要增加或减少所选择的商品。US3的测试点如表8-3所示。

表 8-3　　　　　　　　　　　　　US3 的测试点

动作	期望结果
单击商品数量旁的"+"按钮	每单击"+"按钮一次商品数量加一，金额相应增加
单击商品数量旁的"−"按钮	每单击"−"按钮一次商品数量减一，金额相应减少
修改商品数量，直接输入想要的数字	商品数量更新，金额也根据数量更新成正确的值
单击商品旁的"删除"按钮	商品被移出购物车
勾选几个商品	单击最下面的"删除"按钮，能把所有选中的商品移出购物车
将商品数量改为 0	不允许修改，自动设置为 1
将商品数量改为−1	不允许修改，自动设置为 1
将商品数量改为小数	将忽略小数点后的数
在商品数量里输入一个非数字的字符	不允许输入
将商品数量设置成计算机能接受的最大数值加 1	不允许修改，弹出超过最大值的提示框

（4）作为用户，当他选中购物车中的商品时，希望能在页面上显示商品总价，以便根据需求和商品总价决定选择哪些商品进行结算。US4 的测试点如表 8-4 所示。

表 8-4　　　　　　　　　　　　　US4 的测试点

动作	期望结果
打开购物车页面	在每个商品旁有个复选框，默认全不勾选
勾选某些商品或全部商品	① 能显示所有已选商品的总价。金额要正确。 ② 在金额旁单击"结算"按钮能进入收银台页面

上面所有这些测试点应该由开发人员、测试人员和产品经理或用户代理通过共同深入讨论得出。以上罗列的只是一部分，应该还有更多的使用场景，如页面缩放对商品显示格局的影响、商品是否失效、商品可用数量是否足够等，这里就不一一列出。已经列出来的这些测试点看起来比实体购物车要复杂得多。在开发人员的脑海里，也许已经浮现出图 8-1 所示的购物车页面。

图 8-1　购物车页面

8.2　测试点设计　127

测试点是开发人员和测试人员达成的契约。开发人员可以按照这些测试点开始编写代码，一项一项实现对应的动作，测试人员同时也可以根据测试点编写测试用例来验证软件是否按照用户期望的那样设计和开发。

8.3 测试套件设计

在开始实际编写测试用例之前，我们应该在纸上或脑海里有一个大概的框架，诸如如何规划测试目录、需要几个测试套件、是否需要资源文件和变量文件等。不用太详细，有了初步的构想，我们就可以开始编写测试用例了，在编写过程中还可以不断重构和优化它。

我们为这个购物车项目建立一个单独的根目录，为每一个用户故事设计一个测试套件，目录结构和测试套件的设计如图 8-2 所示。

图 8-2　目录结构和测试套件的设计

对于一个测试套件，会单独保存一个文件，为每个文件取一个容易理解的名字，建议每个文件名都加上 testsuite 这个单词，以区别于资源文件和变量文件。另外，将使用场景描述输入相应测试套件的 Documentation 文本框里。

首先，创建一个资源文件来存放各个测试套件公共的关键字，如登录淘宝主页、打开购物车页面等，取名为 web_resource.robot。

然后，创建一个变量文件，用于存储与 Web 版购物车相关的各个控件的 id 或 Xpath 值，以方便统一管理，文件名为 web_variables.py。

生成的文件列表如图 8-3 所示。

细心的读者也许会发现，文件名和 RIDE 里显示的名字不太一样。这是因为 Robot Framework 会忽略下划线，并且当所有单词都为小写的时候会使首字母自动大写。在生成的测试报告里也会用首字母大写的方式。

图 8-3　生成的文件列表

8.4　Web 版购物车 Robot Framework 自动化测试用例设计与实现

和第 6 章讲解的 Web 系统测试示例一样，我们在进入购物车主目录的时候，就应该打开浏览器并登录淘宝主页；当所有测试用例执行完毕后，应该关闭浏览器。在 Web 目录的 Suite Setup 文本框里输入 Open Browser To Taobao Main Page，在 Suite Teardown 文本框里输入 Close All Browsers，如图 8-4 所示。

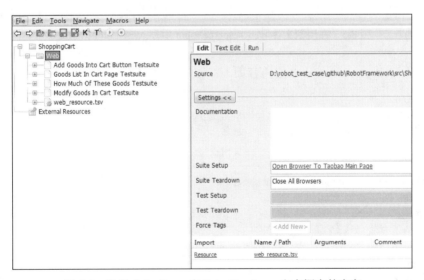

图 8-4　设置 Suite Setup 和 Suite Teardown 文本框中的内容

其中，Close All Browsers 是 SeleniumLibrary 自带的关键字，用于关闭 Robot Framework 打开的所有浏览器；Open Browser To Taobao Main Page 用于打开淘宝主页。输入这两个关键字后，在 Web 目录下会生成一个 __init__.tsv 文件，在 RIDE 里看不见这个文件，其内容如下。

```
*** Settings ***
```

```
Suite Setup         Open Browser To Taobao Main Page
Suite Teardown      Close All Browsers
```

8.4.1 资源文件

资源文件 web_resource.robot 用于存储公共的关键字或变量，根据列出的测试点，上面这些测试套件应该有很多共同的操作，如导入 SeleniumLibrary（见图 8-5），打开某个页面，检查页面上的元素等。

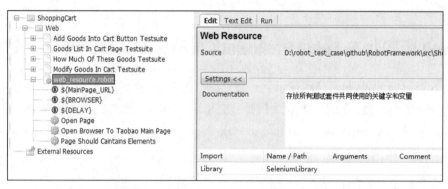

图 8-5　在资源文件 web_resource.robot 中导入 SeleniumLibrary

资源文件 web_resource.robot 的内容如下。

```
*** Settings ***
Documentation      存放所有测试套件共同使用的关键字和变量
Library            SeleniumLibrary    60

*** Variables ***
${MainPage_URL}    https://www.taobao.com/
${BROWSER}         chrome
${DELAY}           0

*** Keywords ***
Open Page
    [Arguments]    ${page_url}
    Go To    ${page_url}

Open Browser To Taobao Main Page
    Open Browser    ${MainPage_URL}    ${BROWSER}
    Maximize Browser Window
    Set Selenium Speed    ${DELAY}
    Go To    ${MainPage_URL}
```

```
${title}      Get Title
Should Contain    ${title}    淘宝网
```

在这个文件里,首先导入了 SeleniumLibrary 作为和 Web 浏览器通信的接口,还添加了以下两个公共的关键字以及它们使用的变量。

- Open page:用于打开某个页面。
- Open Browser To Taobao Main Page:用于打开淘宝主页。

8.4.2 淘宝的登录限制

开始实现之前,我们先了解一个被测对象——淘宝网。对于淘宝网的开发或测试人员,当然好办了,通过开发过程中的网站,可以方便地访问数据库或用测试账号来验证淘宝网的所有功能。但是如果我们现在拿线上的淘宝网来举例,会有诸多的限制。例如,由于淘宝网的特殊限制,使得对不是人工打开的浏览器做了特别的审查,导致打开购物车时,需要重新登录,并且无法用用户名、密码登录。

我们在 Open Browser To Taobao Main Page 关键字里用 Open Browser 打开一个浏览器实例,这是一种正常的做法,要查看一个商品的详细页面,审查还没那么严格,但是要打开购物车页面,就不能用 Selenium 新打开的浏览器了。我们改用别的方式。下面介绍两种替代的方式,让测试用例成功运行。

- 手工在浏览器中打开购物车,将页面保存在磁盘上,测试用例从本地磁盘加载这个页面。
- 在 SeleniumLibrary 中添加一个接口,使 Selenium 能直接使用已打开的浏览器,而不是新打开一个浏览器。

第一种方式很好理解,也很好实践。我们来看看第二种方式怎么实现。Chrome 浏览器有一个 DevTools 协议,它允许用户通过接口调试 Chrome 浏览器。可以利用这个接口使 Selenium 控制已有的 Chrome 浏览器。

首先,在 Windows 命令行窗口中输入如下命令,打开 Chrome 浏览器并开放一个端口用于调试。

```
<full_path_to_chrome>\chrome.exe --remote-debugging-port=8080 --user-data-dir="C:\selenium\AutomationProfile"
```

- <full_path_to_chrome>:Chrome 浏览器的安装路径。
- --remote-debugging-port=8080:关键参数,打开 8080 端口用于调试,选择一个没有被占用的端口。

- --user-data-dir：创建新的 Chrome 配置文件的目录，用于在单独的配置文件中启动 Chrome 浏览器，这不会干扰默认配置文件。用户可以任意指定一个目录。

用户可以在调试模式打开的这个浏览器里登录淘宝网，并向购物车中添加一些商品，为接下来的测试用例做准备工作。

要让 Selenium 接管这个浏览器，需要扩展 SeleniumLibrary 的关键字，在文件<Python_home>\Lib\site-packages\SeleniumLibrary\keywords\browsermanagement.py 里添加关键字 Connect To Exist Browser 用于连接已有的浏览器。代码如下。

```python
@keyword
def connect_to_exist_browser(self, browser_ip_port):
    """Connect to a exist Chrome browser which opened debug port.

    Example:
    | 'Connect To Exist Browser' | localhost:8080 |
    """
    self.info("server is %s" % browser_ip_port)
    browser_options = webdriver.ChromeOptions()
    browser_options.add_experimental_option("debuggerAddress", browser_ip_port)
    driver = webdriver.Chrome(chrome_options=browser_options)
    self.info("Successfully connected to chrome, page title is %s" % driver.title)
    return self.ctx.register_driver(driver, None)
```

在 Robot Framework 测试用例里可以连接已有的 Chrome 浏览器。

```
|Connect To Exist Browser| localhost:8080 |
```

我们不是通过修改 web_resource.robot 里的关键字 Open Browser To Taobao Main Page 打开新的浏览器，而是通过 Chrome 调试端口创建一条和已有浏览器的连接。

```
*** Keywords ***
Connect To Browser
    [Documentation]        前提：Chrome 浏览器打开调试模式端口
    ...        \path_to_chrome\chrome.exe
    ...        --remote-debugging-port=8080
    ...        --user-data-dir=C:\selenium\AutomationProfile
    Connect To Exist Browser    localhost:8080
    Set Selenium Speed    0
```

将关键字 Open Browser To Taobao Main Page 改名为 Connect To Browser，在这个关键字里直接调用刚才在 SeleniumLibrary 里添加的关键字 Connect To Exist Browser。

8.4.3 Web 版购物车的 US1："加入购物车"按钮能出现在所有商品的页面上

Web 版购物车的 US1 的测试点参见表 8-1。

第一个使用场景相对比较简单,测试套件 add_goods_into_cart_button_testsuite.robot 里的内容如下。

```robotframework
*** Settings ***
Documentation     US1:"加入购物车"按钮能出现在所有商品的页面上
Resource          web_resource.robot

*** Test Cases ***
Add_cart Button Show On Goods Page
    [Documentation]    动作:
    ...                打开某个商品详情页
    ...
    ...                期望结果:
    ...                页面上有"加入购物车"按钮
    Open Goods Page
    Wait Until Page Contains Element    ${ADD_IN_CART_BTN_XPATH}    ${time_out}    找不到"加入购物车"按钮

*** Keywords ***
Open Goods Page
    Open Page    ${A_GOODS_URL}
```

在变量文件 web_variables.py 里添加一个商品的链接和"加入购物车"按钮的定位字符串,内容如下。

```python
#-*- 编码:utf-8 -*-
#变量文件,用于存放 Web 版淘宝的各种按钮 id 或 Xpath 定位符

#商品详情页
A_GOODS_URL = "*****detail.tmall***/item.htm?spm=a230r.1.14.20.312b67f8ccrGSk&id=579497336835&ns=1&abbucket=18&sku_properties=5919063:6536025;122216431:27772"    #一个商品的 URL
ADD_IN_CART_BTN_XPATH = "//*[@id='J_LinkBasket']"    # "加入购物车"按钮的 Xpath 定位
```

在资源文件 web_resource.robot 里添加对变量文件的引用及自己使用的部分变量定义。

```robotframework
*** Settings ***
Variables         web_variables.py


*** Variables ***
${time_out}       60s
```

这个场景中只有一个测试用例"Add_cart Button Show On Goods Page",测试用例中有两步。

(1)打开某一个商品的详情页。

(2)检查"加入购物车"按钮是否出现在页面上。

除非简单明了,否则,对于每一步我们都最好抽象出一个关键字,并用自然语言的方式

命名。再结合测试用例里的 Documentation，其他人很快就能理解测试用例中各步骤的测试方法。注意，将复杂的代码逻辑或和底层交互的部分用关键字包装起来。

第（1）步的关键字 Open Goods Page 是指在淘宝主页上看见某个商品或用户通过搜索等操作从而导航到商品的详情页。我们主要讲解"加入购物车"按钮，所以这里略过搜索步骤，直接调用 Open Page 打开一个指定的商品链接。

第（2）步里的关键字 Wait Until Page Contains Element 是 SeleniumLibrary 自带的关键字，已经够简单明了，我们就不用再新建关键字包装它了。这个关键字有 3 个参数，分别是元素定位符、超时和错误信息。元素定位符是必填项，这里用了基于 Xpath 表达式的定位策略，当然，也可以用其他定位策略，如基于 ID 或基于字符串搜索。基于 Xpath 表达式是一种比较灵活的定位策略，如果不知道怎么写 Xpath 表达式，可以借助浏览器插件帮助我们生成表达式。Firefox 和 Chrome 浏览器都有类似的插件。

从图 8-6 可以看见，"加入购物车"按钮的 id 是 J_LinkBasket。

图 8-6 "加入购物车"按钮的 id

现在我们运行一下这个测试用例，验证整个框架能否正常运转，如果一切正常，应该能看到图 8-7 所示的界面。

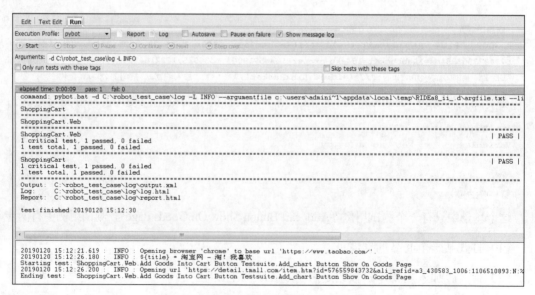

图 8-7 购物车框架正常运转后显示的界面

对于第一个使用场景，到此测试用例就完成并成功通过验证了。

8.4.4　Web 版购物车的 US2：进入购物车页面，能看见所有挑选的商品列表

Web 版购物车的 US2 的测试点参见表 8-2。

我们先来看一看购物车页面上的元素，购物车页面如图 8-8 所示。

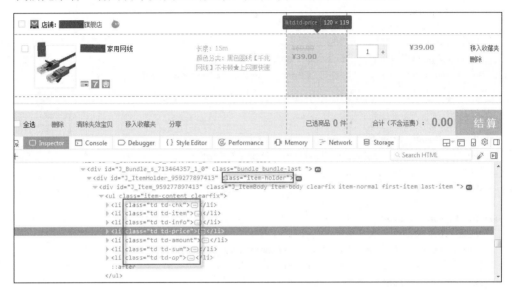

图 8-8　购物车页面

所有商品都放在标签<div class="item-holder">下，并且每一列都有不同的 class 属性。

1．测试点：购物车里的商品一个一个显示在页面上设计测试用例

这个测试点的动作包括打开购物车页面，然后检查购物车页面是否显示完所有选择的商品。测试用例设计思路如下。

（1）从其他接口（如数据库）获得购物车里的商品数量。

（2）打开购物车页面，检查显示的商品数量。

（3）比对从两个地方取得的商品数量是否一致。

Robot Framework 测试用例的设计如下。

```
*** Settings ***
Documentation    US2：作为用户，当他打开购物车页面时，能看见所有挑选的商品列表及其信息，以便检查是不是
他选择的商品
```

```
Suite Setup        Open Cart Page
Resource           web_resource.robot

*** Test Cases ***
Check Goods Items Showed On Page
    [Documentation]       动作：
    ...           打开购物车页面
    ...
    ...           期望结果：
    ...           购物车里的商品一个一个显示在页面上
    ${num_in_db}     Get Goods Number From DB
    ${num_on_page}   Get Goods Number From Page
    Should Be Equal As Integers    ${num_in_db}      ${num_on_page}


*** Keywords ***
Get Goods Number From DB
    [Documentation]    从其他接口（如数据库）取得购物车中的商品数量
    ${ret}     Set Variable    6
    [Return]   ${ret}

Get Goods Number From Page
    [Documentation]    取得购物车页面上的商品数量
    @{elements}    Get WebElements    ${GOODS_LIST_XPATH}
    ${len}     Get Length    ${elements}
    [Return]   ${len}
```

测试用例 Check Goods Numbers Showed On Page 用来检查购物车页面上的商品数量（通过关键字 Get Goods Number From Page 取得）和用户选择的商品数量（通过关键字 Get Goods Number From DB 取得）是否相等。

关键字 Get Goods Number From Page 里的变量${GOODS_LIST_XPATH}是一个 Xpath 表达式（值为//div[@class='item-holder']），用来定位页面上的所有商品列表。变量定义在变量文件里。

关键字 Get Goods Number From DB 并不是真的用于数据库里查询用户的商品，相信除了淘宝开发和测试人员，没有人能查询它。为了说明设计思路，这里只是简单地设置一个数量。

在测试套件的 Suite Setup 里，我们调用了关键字 Open Cart Page，这个关键字用来打开购物车页面，它定义在资源文件 web_resource.robot 里。

```
*** Settings ***
Documentation     存放所有测试套件共同使用的关键字
```

```
Library             SeleniumLibrary     60
Library             OperatingSystem
Variables           web_variables.py

*** Variables ***
${Cart_Page_File}    ${CURDIR}/data/cart_page_content.html      #购物车页面本地文件

*** Keywords ***
Open Cart Page
    ${title}    Get Title
    ${status}    ${value} =    Run Keyword And Ignore Error    Should Contain    ${title}
    我的购物车
    Return From Keyword If    '${status}' == 'PASS'
    ${status}    ${value} =    Run Keyword And Ignore Error    File Should Exist    ${Cart_Page_File}
    Run Keyword If    '${status}'=='PASS'    Go To    file://${Cart_Page_File}
    Run Keyword Unless    '${status}'=='PASS'    Go To Cart Page On Line

Go To Cart Page On Line
    Go To    ${HOME_PAGE}
    Wait Until Page Contains Element    ${MY_CART_BTN_XPATH}    30
    Click Element    ${MY_CART_BTN_XPATH}
    Wait Until Keyword Succeeds    60    10    My Cart Page Opened

My Cart Page Opened
    ${title}    Get Title
    Should Contain    ${title}    我的购物车
```

所有字母大写的变量都定义在变量文件 web_variables.py 里。

```
#淘宝主页
HOME_PAGE = "https://www.taobao.com/"
MY_CART_BTN_XPATH = "//*[@id='mc-menu-hd']"  #"我的购物车"链接
```

为了验证方便，我们首先检查本地是否存有购物车的页面${CURDIR}/data/cart_page_content.html。如果有，就打开本地的页面；如果没有，就调用关键字 Go To Cart Page On Line 打开网上的购物车页面。

在关键字 Go To Cart Page On Line 中，先用${MY_CART_BTN_XPATH}（其值为//*[@id="mc-menu-hd"]）来定位"我的购物车"链接，找到后单击它，打开在线的购物车页面。

2. 测试点：商品的信息包括所属店铺、图片、名称、单价、数量、金额和可用的操作等信息

对于这个测试点，需要检查每一个商品的每一个属性，看它们是否全都显示在页面上，

并有合法的值。测试用例的设计思路如下。

（1）取得购物车页面上第一个商品。

（2）解析商品以获得商品的名称、单价、数量等属性。

（3）检查商品是否包含所有既定的属性。

（4）循环查找第二个、第三个商品，直到所有商品都处理完成。

Robot Framework 测试用例的设计如下。

```
*** Test Cases ***
Check Goods Items Showed On Page
    [Documentation]      动作:
    ...      打开购物车页面
    ...      期望结果:
    ...      商品的信息包括所属店铺、图片、名称、单价、数量、金额和可用的操作等信息
    @{elements}    Get WebElements    ${GOODS_LIST_XPATH}    #GOODS_LIST_XPATH = "//div
[@class='item-holder']"
    : FOR    ${element}    IN    @{elements}
    \    ${content}    Get Element Attribute    ${element}    innerHTML
    \    Check Each Item In Goods    ${content}
```

在这个测试用例中，用 SeleniumLibrary 的关键字 Get WebElements 可以获取所有符合规则的节点。购物车里所有商品在 class 属性为 item-holder 的 div 标签里，所以先用 Xpath 表达式//div[@class='item-holder']（存放在变量${GOODS_LIST_XPATH}里）把所有商品取出来并放进一个数组里。然后，要对每一个商品检查每一个属性，这就比较难办了。思路是要把每一个商品的所有属性找出来并放到一个容易处理的 Dictionary 变量里。如果通过 Xpath 表达式一个一个地在 Robot Framework 测试用例里编写，看起来会像天书。建议获取每个商品的源代码，然后用工具解析。

要获取某个节点的源代码，可以用关键字 Get Element Attribute，Attribute 里面填 innerHTML。innerHTML 指的是获取元素内部的 HTML 源代码，不包含元素本身。与此对应的还有一个特别的属性 outerHTML，它除获得 innerHTML 的所有内容外，还包含元素本身。

某个商品的 HTML 源代码如图 8-9 所示。

商品的 HTML 源代码也不好在 Robot Framework 里简单用字符串匹配，因为太难定位到某一个商品的每一个属性了。然而，可以用成熟的 HTML 解析器来帮助完成这个工作。好用的解析 HTML 源代码的工具有很多，BeautifulSoup 库就是其中的佼佼者。

```html
<div id="J_Item_992867385697" class="J_ItemBody item-body clearfix item-normal first-item last-item">
 <ul class="item-content clearfix">
  <li class="td td-chk" data-spm-anchor-id="a1z0d.6639537.1997196601.i3.5d2674848sa7py">
   <div class="td-inner">
    <div class="cart-checkbox">
     <input class="J_CheckBoxItem" id="J_CheckBox_992867385697" type="checkbox" name="items[]" value="992867385697" />
     <label for="J_CheckBox_992867385697">勾选商品</label>
    </div>
   </div> </li>
  <li class="td td-item">
   <div class="td-inner">
    <div class="item-pic J_ItemPic img-loaded">
     <a href="//detail.tmall ***/item.htm?id=571838828223" target="_blank"
      data-title="车载手机架******" class="J_MakePoint"
      data-point="tbcart.8.12" data-spm-anchor-id="a1z0d.6639537.1997196601.85"><img src="
      *****://img.alicdn. ***/bao/uploaded/i2/3898044180/TB2Ydh1BruWBuNjSszgXXb8jVXa_!!3898044180.jpg_80x80.jpg"
      class="itempic J_ItemImg" /></a>
    </div>
    <div class="item-info">
     <div class="item-basic-info">
      <a href="//detail.tmall ***/item.htm?spm=a1z0d.6639537.1997196601.86.5d2674848sa7py&amp;id=571838828223"
       target="_blank" title="车载手机架******" class="item-title
       J_MakePoint" data-point="tbcart.8.11"
       data-spm-anchor-id="a1z0d.6639537.1997196601.86">车载手机架******
       </a>
     </div>
     <div class="item-other-info">
      <div class="promo-logos"></div>
      <div class="item-icon-list clearfix">
       <div class="item-icons J_ItemIcons item-icons-fixed ">
        <span class="item-icon item-icon-0" title="支持信用卡支付"><img
         src="//assets.alicdn ***/sys/common/icon/trade/xcard.png" alt="" /></span>
        <a href="//pages.tmall ***/wow/seller/act/seven-day" target="_blank" class="item-icon item-icon-1
         J_MakePoint" data-point="tbcart.8.26" title="消费者保障服务，卖家承诺7天退换"
         data-spm-anchor-id="a1z0d.6639537.1997196601.87"><img
         src="//img.alicdn. ***/tps/i3/T1Vy16FCB1XXaSQP_X-16-16.png" alt="" /></a>
        <a
         href="// *** taobao ***/go/act/315/xfzbz_rsms.php?ad_id=&amp;am_id=130011830696bce9eda3&amp;cm_id=&amp;pm_id=" target="_blank" class="item-icon item-icon-2 J_MakePoint" data-point="tbcart.8.26"
         title="消费者保障服务，卖家承诺如实描述" data-spm-anchor-id="a1z0d.6639537.1997196601.88"><img
         src="//img.alicdn ***/tps/i4/T1BCidFrN1XXaSQP_X-16-16.png" alt="" /></a>
       </div>
      </div>
      <div class="item-tips"></div>
     </div>
    </div>
   </div> </li>
  <li class="td td-info">
   <div class="item-props item-props-can" data-spm-anchor-id="a1z0d.6639537.1997196601.i6.5d2674848sa7py">
    <p class="sku-line" tabindex="0">颜色分类：大白手机架</p>
    <span tabindex="0" class="btn-edit-sku J_BtnEditSKU J_MakePoint" data-point="tbcart.8.10">修改</span>
   </div> </li>
  <li class="td td-price">
   <div class="td-inner">
    <div class="item-price price-promo-">
     <div class="price-content">
      <div class="price-line">
       <em class="price-original">￥88.00</em>
      </div>
      <div class="price-line">
       <em class="J_Price price-now" tabindex="0">￥39.00</em>
      </div>
     </div>
    </div>
   </div> </li>
  <li class="td td-amount" data-spm-anchor-id="a1z0d.6639537.1997196601.i4.5d2674848sa7py">
   <div class="td-inner">
    <div class="amount-wrapper ">
     <div class="item-amount ">
      <a href="#" class="J_Minus no-minus" data-spm-anchor-id="a1z0d.6639537.1997196601.89">-</a>
      <input type="text" value="1" class="text text-amount J_ItemAmount" data-max="989053" data-now="1"
       autocomplete="off" data-spm-anchor-id="a1z0d.6639537.1997196601.i5.5d2674848sa7py" />
      <a href="#" class="J_Plus plus" data-spm-anchor-id="a1z0d.6639537.1997196601.90">+</a>
     </div>
     <div class="amount-msg J_AmountMsg"></div>
    </div>
   </div> </li>
  <li class="td td-sum">
```

图 8-9 某个商品的 HTML 源代码

8.4.5 用 BeautifulSoup 库解析商品属性

BeautifulSoup 是一个可以从 HTML 或 XML 文件中提取数据的 Python 库，它能够通过指定的转换器实现常用的文档导航、查找、修改等，它比较简单和易用，可以节省数小时甚至数天的工作时间。要使用 BeautifulSoup，需要先安装它。

```
C:\>pip install beautifulsoup4
```

安装好后，可以通过自定义扩展库来从 HTML 字符串中提取商品属性的关键字。

注意：创建自定义扩展测试库将在第 9 章里讲解，在此可以依葫芦画瓢创建自己的关键字，后面章节会详细讲解为什么要这样做。当然，有兴趣的读者也可以提前参阅，以更好地理解此处的用法。

我们按图 8-10 所示的目录结构在 GetGoodsItemsLib 目录下创建两个空文件 parse_goods_items.py 和 __init__.py。

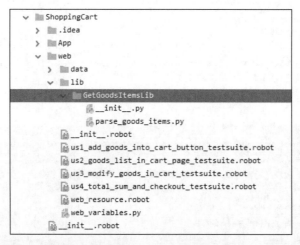

图 8-10　创建两个空文件 parse_goods_items.py 和 __init__.py

parse_goods_items.py 文件里使用 BeautifulSoup 解析商品的 HTML 数据源，将商品的名称、数量、价格等属性提取出来并存入一个 Dictionary 变量里，其内容如下。

```
# -*- 编码:utf-8 -*-

from bs4 import BeautifulSoup;

class GetGoodsItemsLib(object):
    ROBOT_LIBRARY_SCOPE = 'TEST SUITE'
    ROBOT_LIBRARY_VERSION = '1.0'
```

```python
    def __init__(self):
        pass
    
    def get_goods_items(self, web_content):
        """
            将购物车页面中的商品属性全部放在一个Dictionary变量里。
            Input：页面上某一个商品的div标签的HTML源代码。
            Return：包含该商品所有属性的Dictionary变量。
            Example:\n
            | &{ret} | Get Goods Items | ${HTML_resource} |\n
        """
        soup = BeautifulSoup(web_content,features="html.parser")
        retDic = {}
        
        chk=soup.find('div',class_='cart-checkbox')        #选中或不选中复选框
        if chk is not None:
            retDic['chk'] = "not_checked"
            chk = soup.find('div', class_='cart-checkbox-checked')    #复选框处于选中状态
            if chk is not None:
                retDic['chk']="checked"
        
        img=soup.find('img',class_='J_ItemImg')    #图片
        if img is not None:
            retDic['img'] = img["src"]        #图片的URL
        
        title = soup.find('a', class_='item-title')    #商品标题
        if title is not None:
            retDic['title']=title.text
        
        info = soup.find('li', class_='td-info')    #商品信息
        if info is not None:
            retDic['info'] = info.text
        
        price = soup.find('em', class_='price-now')    #单价
        if price is not None:
            retDic['price'] = price.text.replace(u"¥", "").replace(",", "")
        
        amount = soup.find('input', class_='J_ItemAmount')    #购物车里的商品数量
        if amount is not None:
            retDic['amount'] = amount["value"]
        
        sum = soup.find('em', class_='J_ItemSum')    #某一种商品的价格小计，即单价 × 数量
        if sum is not None:
            retDic['sum'] = sum.text.replace(u"¥", "").replace(",", "")
```

```python
        fav = soup.find('a', class_='J_Fav')        #移入收藏夹
        if fav is not None:
            retDic['fav'] = fav.text

        dele = soup.find('a', class_='J_Del')       #删除
        if fav is not None:
            retDic['del'] = dele.text

        return retDic
```

返回包含商品所有属性的 Dictionary 变量 retDic 的内容如下。

```
&{retDic} = { info= 净含量: 1250 修改   | img= *****img.alicdn***/bao/uploaded/i2/3898044180/
TB2Ydh1BruWBuNjSszgXXb8jVXa_!!3898044180.jpg_80x80.jpg | title=【超定制】高露洁全面防蛀薄荷×3+
清新×2 共1250g牙膏清新口气 | price=59.90  | chk=True  | fav=移入收藏夹  | amount=1  | del=删除  |
sum=59.90 }
```

GetGoodsItemsLib 目录下的 __init__.py 文件用于将刚实现的 GetGoodsItemsLib 库导出，以便在 Robot Framework 测试用例里导入该库。

```python
from parse_goods_items import GetGoodsItemsLib
```

现在可以在 Robot Framework 里使用 GetGoodsItemsLib 库了，在 us2_app_goods_list_in_cart_page_testsuite.robot 测试套件文件的 "***setting***" 部分引用这个库，目录名就是库名。

```
*** Settings ***
Library                 ${CURDIR}/lib/GetGoodsItemsLib
```

Robot Framework 测试用例可以直接使用 &{items} | Get Goods Items | ${element_src} 的方式将 HTML 源代码解析后放入 Dictionary 变量 &{items} 里，然后再对这个变量里的商品属性一个一个验证。验证商品的属性由关键字 Check Each Item In Goods 实现，其内容如下。

```
*** Keywords ***
Check Each Item In Goods
    [Arguments]      ${element_src}
    &{items}     Get Goods Items      ${element_src}
    Log Many     &{items}
    Should Not Be Empty     &{items}[chk]
    Should Not Be Empty     &{items}[img]
    Should Not Be Empty     &{items}[title]
    Should Match Regexp     &{items}[price]      [0-9]+\\.[0-9]+
    Should Match Regexp     &{items}[amount]     [0-9]+
    Should Match Regexp     &{items}[sum]        [0-9]+\\.[0-9]+
    Should Not Be Empty     &{items}[fav]
```

```
Should Not Be Empty    &{items}[del]
```

图 8-11 所示是测试用例运行日志，从中可以直观地看出匹配的情况。

图 8-11　测试用例运行日志

有了上面这些基础和测试库，US2 里剩下的测试点就很容易实现了。这里就不赘述下列测试点。

- 如果商品有特殊服务，如支持信用卡、7 天无理由退换等，显示在商品旁。
- 商品按店铺分类，同一店铺的商品放在一起；
- 有店铺的旺旺快捷入口。

8.4.6　Web 版购物车的 US3：能修改购物车里已选商品

Web 版 US3 的测试点参见表 8-3。

图 8-12 所示为购物车页面上单价、数量、金额等属性的组织结构。

画线的地方就是单价、减号按钮、数量、加号按钮和金额的标签，每一个都可以用标签加 class 属性唯一定位。

这个测试套件里用到的元素定位符都定义在变量文件 web_variables.py 里。

```
#购物车商品列表页面
GOODS_LIST_XPATH = "//div[@class='item-holder']"    # 购物车页面上存放商品的标签
FIRST_ORDER_XPATH = "//div[starts-with(@id,'J_OrderHolder_s')][1]"  #第一个商品的Xpath定位符
FIRST_ORDER_PLUS_XPATH = "//div[starts-with(@id,'J_OrderHolder_s')][1]//a[contains(@class,'J_Plus')]"    #第一个商品里"+"的Xpath定位符
FIRST_ORDER_MINUS_XPATH = "//div[contains(@id,'J_OrderHolder_s')][1]//a[contains(@class,'J_Minus')]"    #第一个商品里"-"的Xpath定位符
FIRST_ORDER_AMOUNT_INPUT_XPATH = "//div[starts-with(@id,'J_OrderHolder_s')][1]//input[contains(@class,'J_ItemAmount')]"    #第一个商品里数量的Xpath定位符
FIRST_ORDER_CHECKBOX_XPATH = "//div[starts-with(@id,'J_OrderHolder_s')][1]//div[contains(@class,'cart-checkbox')]"    #第一个商品里复选框的Xpath定位符
CHECKBOX_TOTAL_XPATH = "//div[@class='cart-table-th']//div[contains(@class,'cart-checkbox')]"
#购物车页面中"全选"复选框的Xpath定位符
TOTAL_PAY = "//em[@id='J_Total']"
```

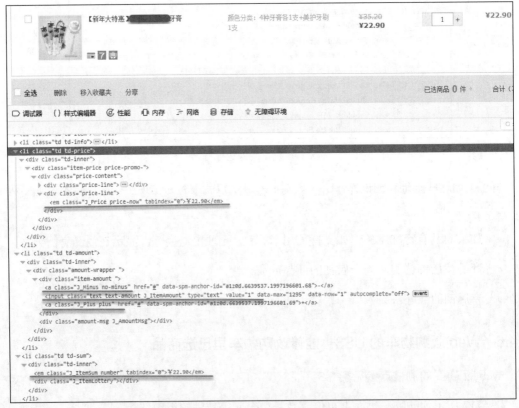

图 8-12 购物车页面上单价、数量、金额等属性的组织结构

1. 测试点：每单击"+"按钮一次商品数量加一个，金额相应增加

对于这个测试点，为了验证商品数量，可以通过单击"+"按钮来修改商品数量，每单

击一次，商品数量加 1，金额也要根据数量重新计算并显示正确。

这个测试用例中，用 Xpath 表达式定位元素是关键和难点，因为购物车页面中有多个商品，所以我们要先定位商品对应的"+"按钮。购物车页面中商品的结构如图 8-13 所示。

```
▼<div id="J_OrderList" data-spm="1997196601" data-spm-max-idx="72">
  ▶ <div id="J_OrderHolder_s_2825536359_1" style="height: auto;">…</div>
  ▶ <div id="J_OrderHolder_s_388396746_1" style="height: auto;">…</div>
  ▶ <div id="J_OrderHolder_s_3057232748_1" style="height: auto;">…</div>
  ▶ <div id="J_OrderHolder_s_1050531810_1" style="height: auto;">…</div>
  ▶ <div id="J_OrderHolder_s_713464357_1" style="height: auto;">…</div>
  ▶ <div id="J_OrderHolder_s_807070827_1" style="height: auto;">…</div>
  </div>
```

图 8-13　购物车页面中商品的结构

所有商品都位于一个 id 为 J_OrderList 的总 div 标签中，每个商品都位于一个 id 以 "J_OrderHoder_s" 开头的分 div 标签中。在 Xpath 表达式里，可以通过下标来指定取第几个元素。例如，"//div[starts-with(@id,'J_OrderHolder_s')][1]" 表示第一个商品，"//div[starts-with(@id,'J_OrderHolder_s')][3]" 表示第三个商品。

测试用例的设计思路如下。

（1）根据数量和单价计算商品的总价，并和购物车页面上显示的总价比较，看是否一致。

（2）找到购物车页面中某个商品数量旁的"+"按钮，并单击它，使商品数量加 1。

（3）再次根据新的数量和单价计算商品的总价，并和购物车页面上显示的总价比较，看是否一致。

（4）验证商品的数量是否确实加了 1。

为了简单，本例直接取第一个商品进行演示，实际产品测试中，可以用随机数的方式抽样检查。

Robot Framework 测试用例的设计如下。

```
*** Test Cases ***
Goods Number Can Be Increase
    [Documentation]    动作：
    ...        单击商品数量旁的"+"按钮
    ...
    ...        期望结果：
    ...        每单击"+"按钮一次商品数量加一个，金额相应增加
    ${amount1}    Check Amount and Sum    #检查并计算商品金额（商品金额=单价×数量）
    Click Goods Modification Button    ${FIRST_ORDER_PLUS_XPATH}    #用 Xpath 表达式定位到第
```

```
                        #一个商品里的"+"按钮
    ${amount2}      Check Amount and Sum      #根据新的数量重新计算和检查商品金额。
    ${value}     Evaluate       ${amount2}-${amount1}     #取得每单击一次"+"按钮后增加的个数
    Should Be Equal As Integers        ${value}      1      #验证个数是否正确
```

先用关键字 Check Amount and Sum 检查商品金额,然后单击商品数量旁的"+"按钮,再次用同一个关键字检查商品金额。所用到的关键字实现如下。

```
*** Keywords ***
Check Amount and Sum
    ${element}      Get WebElement      ${FIRST_ORDER_XPATH}    #用 Xpath 表达式定位第一个商品
    ${content}      Get Element Attribute      ${element}      innerHTML
    &{items}     Get Goods Items      ${content}
    ${expected_sum}      evaluate      &{items}[price] * &{items}[amount]
    Should Be Equal As Numbers      ${expected_sum}      &{items}[sum]      precision=2
    ${amount}     Set Variable      &{items}[amount]
    [Return]      ${amount}

Click Goods Modification Button
    [Arguments]      ${button_id}
    Click Element      ${button_id}
    Sleep    2    #在页面中重新计算商品金额时有延迟
```

2. 测试点:"−"按钮以及其他几个功能测试点

"−"按钮及其他功能测试点参见表 8-3 的第 3~6 行。

单击"−"按钮的测试用例和单击"+"按钮的测试用例的操作步骤一样,对于直接修改商品数量的测试点,也采用类似的步骤。"删除"按钮的测试用例就更简单了,按钮很好定位,基于前面所学的知识应该很好实现,在此就不讲解了,读者可以自行练习。我们接下来看看几个异常的测试点。

3. 异常输入的测试点

对异常测试点的设计是 ATTD 中非常重要的一个环节,甚至可以说异常测试点的多少是判断一个用户使用场景是否经过充分考虑和讨论的重要依据。通常软件容易出问题的原因在于对异常没有预先考虑到或处理不当。对于购物车里的数量文本框来说,我们必须仔细考虑用户的各种异常输入情况,严格限定只能输入合法的数值,防止因为输入某些特殊的符号而导致整个系统崩溃或金额计算异常。异常输入的测试点参见表 8-3 的第 7~11 行。

测试用例的设计思路如下。

(1) 对于多种逻辑相同但数据不同的输入,考虑采用数据驱动方式来设计测试用例。

（2）模板将输入和期望结果作为参数传入。

（3）在页面上修改商品的数量，填入非法的数字或字符。

（4）验证页面上显示的数量是否和期望的一致。

Robot Framework 测试用例的设计如下。

```
*** Test Cases ***
Invalid Amount Input
    [Documentation]    动作 | 期望结果
    ...                将商品数量改为 0 | 不允许修改，自动设置为 1
    ...                将商品数量改为-1 | 不允许修改，自动设置为 1
    ...                将商品数量改为小数 | 将忽略小数点后的数
    ...                商品数量里输入一个非数字的字符 | 不允许输入
    ...                将商品数量设置成计算机能接受的最大值加 1 | 不允许修改，弹出超过最大值的提示框
    [Template]    Check Invalid Amount Input
    0     1
    -1    1
    2.5   2
    2147483648   12345
    a     1

*** Keywords ***
Check Invalid Amount Input
    [Arguments]    ${input_value}    ${expected_value}
    ${old_value}    Get Value    ${FIRST_ORDER_AMOUNT_INPUT_XPATH}    #取当前商品数量
    ${max}    Get Element Attribute    ${FIRST_ORDER_AMOUNT_INPUT_XPATH}    data-max
    #商品库存量
    Run Keyword If    '${input_value}' >= '2147483648'    Set Suite Variable    ${expected_value}    ${max}    #如果输入的商品数量大于库存量
    Input Text    ${FIRST_ORDER_AMOUNT_INPUT_XPATH}    ${input_value}    #输入商品数量
    Sleep    3    #等待页面刷新
    ${value_new}    Get Value    ${FIRST_ORDER_AMOUNT_INPUT_XPATH}    #取得修改后的商品数量
    Should Be Equal As Integers    ${value_new}    ${expected_value}
```

看见这个测试用例有没有觉得奇怪？它似乎和其他测试用例有点不一样。步骤里面没有关键字而只是罗列了一些数字。大家还记得第 3 章介绍的模板吗？对，这个测试用例就使用模板来实现一种数据驱动的测试方式。不同于关键字驱动的是，测试用例里面没有使用关键字，而全部是测试数据。使用的模板用[Template]指定，这个模板的名字是关键字 Check Invalid Amount Input。

这个关键字首先用${ FIRST_ORDER_AMOUNT_INPUT_XPATH}（值为"//div[starts-with(@id, "J_OrderHolder_s")][1]//input[contains(@class, "J_ItemAmount")]"）定位第一个商品的数量文本框，然后用 SeleniumLibrary 的关键字 Get Value 和 Input Text 分别读取与输入商品

数量。当输入非法值时,检查购物车中是否能自动设置成预期的值。

我们用这个简单的测试用例覆盖了 5 条异常的测试点。这是一种常见的做法,不是每一个测试点都需要用一个单独的测试用例来覆盖。测试点和测试用例之间没有一一对应的关系,可能一个测试点需要用几个测试用例才能覆盖,也可能用一个测试用例就能覆盖几个测试点。形式不重要,重要的是我们要在测试用例的文档里写清它覆盖了哪些测试点,目标是保证所有测试点最后会被覆盖。

8.4.7 Web 版购物车的 US4:进入收银台前能看到商品总价

Web 版购物车的 US4 的测试点参见表 8-4。

购物车页面的验证接近尾声了,我们还有最后一个用户故事——商品的总价和结算。这个使用场景相对于前面来说,就简单了许多。

1. 测试点:在每个商品旁有一个复选框,默认全不选中

这个测试点比较容易,只需定位到每个商品旁的复选框,取得它的值以验证是否选中即可。测试用例的设计如下。

```
*** Test Cases ***
All Goods Are Not Checked
    [Documentation]      动作  |           期望结果
    ...              打开购物车页面 |     在每个商品旁有一个复选框,默认全不选中
    @{elements}     Get WebElements    ${GOODS_LIST_XPATH}
    : FOR    ${element}    IN    @{elements}
    \    ${content}    Get Element Attribute    ${element}    innerHTML
    \    Goods Should Not Be Checked    ${content}

*** Keywords ***
Goods Should Not Be Checked
    [Arguments]    ${element_src}
    &{items}    Get Goods Items    ${element_src}
    Log Many    &{items}
    Should Be Equal As Strings    &{items}[chk]    not_checked
```

这里全部使用了前面已经讲解过的关键字,如 Get Element Attribute、Get Goods Items 等,相信读者很容易就能看明白。

2. 测试点:能正确显示所有已选商品的总价

这个测试点稍微复杂一点。测试用例的设计思路如下。

（1）在购物车页面选中几个商品。

（2）对于每个选中的商品，通过其数量和单价计算出总价。

（3）取得购物车页面上显示的总价。

（4）比对计算的总价和页面上显示的总价是否相等。

测试用例的设计如下。

```
*** Settings ***
Library             String

*** Test Cases ***
Check Sum For All Checked Goods
    [Documentation]     动作：
    ...                 勾选某些商品或全部商品
    ...
    ...                 期望结果：
    ...                 1. 能显示所有已选商品的总价，金额要正确
    ...                 2. 在金额旁单击"结算"按钮，能进入收银台页面
    Make Some Goods Checked
    ${sum_calculate}        Get Sum For Goods
    ${sum_on_page}          Get Sum On Page
    Should Be Equal As Numbers      ${sum_calculate}        ${sum_on_page}      precision=2
```

测试用例的步骤看起来是很简单的，完全按照我们的设计思路一条对应一行。关键字 Make Some Goods Checked 用来随机选中页面上的几个商品，其实现如下。

```
*** Keywords ***
Make Some Goods Checked
    @{elements}     Get WebElements     ${GOODS_LIST_XPATH}
    ${len}      Get Length      ${elements}     #取得当前页的商品总数
    : FOR   ${i}    IN RANGE    ${len}
    \   ${random_int}   Evaluate    random.randint(1, ${len})   random    #生成1到${len}
    #的随机整数
    \   ${element_id}   Replace String  ${FIRST_ORDER_CHECKBOX_XPATH}   [1]     [${random_int}]
    \   Log     ${element_id}
    \   ${chk_class}    Get Element Attribute   ${element_id}   class
    \   ${status}   ${value}    =   Run Keyword And Ignore Error    Should Contain
        ${chk_class}    cart-checkbox-checked
    \   Run Keyword Unless      '${status}' == 'PASS'       Click Element       ${element_id}
    #如果没有选中，就勾选"全选"复选框
    \   Sleep   1   #等待网页更新
```

这个关键字中，我们用随机数随便选择几个商品，有可能全部选中，也有可能只选中一两个。选中商品后，我们用关键字 Get Sum For Goods 计算商品的总价，其实现如下。

```
*** Keywords ***
Get Sum For Goods
    @{elements}      Get WebElements     ${GOODS_LIST_XPATH}
    ${sum_all}       Set Variable        ${0}
    : FOR    ${element}    IN    @{elements}
    \    ${content}      Get Element Attribute    ${element}    innerHTML
    \    &{items}        Get Goods Items          ${content}
    \    ${check_box}    Set Variable             &{items}[chk]
    \    Continue For Loop If    '${check_box}' == 'not_checked'    #如果商品没有选中，则不累加
    #金额，继续取下一个
    \    ${sum_all}      Evaluate    ${sum_all}+ &{items}[sum]
    [Return]    ${sum_all}
```

用 Xpath 表达式定位元素的方式还是熟悉的方式，相信读者已经能熟练使用了。此外，要学会熟练使用循环里的 Continue For Loop If，这是一个精妙的关键字，表示不执行剩下的语句，继续执行下一次循环。在本例中利用这个特性将计算总价的语句放在这个关键字之下，当复选框没有被选中的时候，就不会计算到总价里。

关键字 Get Sum On Page 相对来说比较简单，涉及总价的元素可以通过 Xpath 表达式直接定位。

```
*** Keywords ***
Get Sum On Page
    ${sum_on_page}    Get Text         ${TOTAL_PAY}
    ${sum_on_page}    Strip String     ${sum_on_page}
    ${sum_on_page}    Get Substring    ${sum_on_page}    1
    [Return]    ${sum_on_page}
```

这个测试用例中需要处理字符串，例如替换 Xpath 表达式里的下标、去掉金额里的人民币符号等。处理字符串的库是 Robot Framework 的 String 库，需要用到里面定义的几个关键字，例如 Replace String、Strip String、Get Substring，所以在 "*** Settings ***" 部分需要导入 String 库。

对于商品的总价，测试用例的日志如图 8-14 所示。

至此，我们用 Robot Framework 自动化测试用例覆盖了购物车的所有测试点。Selenium 是一个功能强大的 Web 页面自动化测试工具，结合 Robot Framework 使用 SeleniumLibrary 设计与实现自动化测试用例非常简单和方便，可以起到事半功倍的效果。

图 8-14 对于商品的总价，测试用例的日志

8.4 Web 版购物车 Robot Framework 自动化测试用例设计与实现 151

最后我们再一次统一看一下 web_resource.robot 和 web_variables.py 里定义的关键字与变量，这些都是 Web 版淘宝和 Selenium 紧密相关的信息。

```robotframework
*** Settings ***
Documentation       存放所有测试套件共同使用的关键字和变量
Library             SeleniumLibrary    60
Library             OperatingSystem
Variables           web_variables.py

*** Variables ***
${time_out}         60s
${Cart_Page_File}   ${CURDIR}/data/cart_page_content.html    #购物车页面本地文件

*** Keywords ***
Connect To Browser
    [Documentation]    前提：Chrome 浏览器在调试模式启动
    ...                \path_to_chrome\chrome.exe --remote-debugging-port=8083 --user-data-dir=C:\selenium\AutomationProfile
    connect_to_exist_browser    ${Chrome_ID}
    Set Selenium Speed    0


Go To Cart Page On Line
    Go To    ${HOME_PAGE}
    Wait Until Page Contains Element    ${MY_CART_BTN_XPATH}    30
    Click Element    ${MY_CART_BTN_XPATH}
    Wait Until Keyword Succeeds    60    10    My Cart Page Opened

My Cart Page Opened
    ${title}    Get Title
    Should Contain    ${title}    我的购物车

Open Cart Page
    ${title}    Get Title
    ${status}    ${value} =    Run Keyword And Ignore Error    Should Contain    ${title}    我的购物车
    Return From Keyword If    '${status}' == 'PASS'
    ${status}    ${value} =    Run Keyword And Ignore Error    File Should Exist    ${Cart_Page_File}
    Run Keyword If    '${status}'=='PASS'    Go To    file://${Cart_Page_File}
    Run Keyword Unless    '${status}'=='PASS'    Go To Cart Page On Line

Open Page
    [Arguments]    ${page_url}
    Go To    ${page_url}
```

```
Page Should Caintains Elements
    [Arguments]        @{elements_list}
    : FOR      ${element}     IN     @{elements_list}
    \     Wait Until Page Contains Element     ${element}     30     找不到${element}
```

web_variables.py 最后的内容如下。

```
# -*- 编码:utf-8 -*-
#变量文件,用于存放 Web 版淘宝的各种按钮 id 或 Xpath 定位符

#Chrome
Chrome_ID = "localhost:8083"     #已经用调试模式打开的本地 Chrome 浏览器


#淘宝首页
HOME_PAGE = "https://www.taobao.com/"
MY_CART_BTN_XPATH = "//*[@id='mc-menu-hd']"   #"我的购物车"链接


#商品详情页
A_GOODS_URL = "https://detail.tmall.com/item.htm?spm=a230r.1.14.20.312b67f8ccrGSk&id=579497336835&ns=1&abbucket=18&sku_properties=5919063:6536025;122216431:27772"   #一个商品的 URL
ADD_IN_CART_BTN_XPATH = "//*[@id='J_LinkBasket']"     #"加入购物车"按钮

#购物车中的商品列表页面
GOODS_LIST_XPATH = "//div[@class='item-holder']"      #购物车页面上存放商品的标签
FIRST_ORDER_XPATH = "//div[starts-with(@id,'J_OrderHolder_s')][1]"     #第一个商品的 Xpath 定位符
FIRST_ORDER_PLUS_XPATH = "//div[starts-with(@id,'J_OrderHolder_s')][1]//a[contains(@class,'J_Plus')]"   #第一个商品里 "+" 按钮的 Xpath 定位符
FIRST_ORDER_MINUS_XPATH = "//div[contains(@id,'J_OrderHolder_s')][1]//a[contains(@class,'J_Minus')]"   #第一个商品里 "-" 按钮的 Xpath 定位符
FIRST_ORDER_AMOUNT_INPUT_XPATH = "//div[starts-with(@id,'J_OrderHolder_s')][1]//input[contains(@class, 'J_ItemAmount')]"    #第一个商品里数量的 Xpath 定位符
FIRST_ORDER_CHECKBOX_XPATH = "//div[starts-with(@id,'J_OrderHolder_s')][1]//div[contains(@class, 'cart-checkbox')]"    #第一个商品里复选框的 Xpath 定位符
CHECKBOX_TOTAL_XPATH = "//div[@class='cart-table-th']//div[contains(@class, 'cart-checkbox')]"
#购物车页面中"全选"复选框的 Xpath 定位符
TOTAL_PAY = "//em[@id='J_Total']"
```

我们将测试用例中用到的 Xpath 变量都放在变量文件 web_variables.py 里,把 Selenium 特有的操作集中放在资源文件里。以后若要更换第三方库,只要能在不修改测试用例的情况下快速替换资源文件和变量文件即可。

8.4.8 生成测试文档

我们在实现 Robot Framework 测试用例的过程中,在测试套件和测试用例的 Documentation

里写了一些说明文档。这些文档分散在各个不同测试套件文件内的不同地方，如果要给这个测试用例生成一份概览性质的文档，以方便别人阅读和理解，该怎么办呢？显然，打开每一个测试套件文件并查看所有标记为 Documentation 的地方是不友好的。

Robot Framework 提供了 Robot.testdoc 工具，用于基于测试数据生成一份有层次的 HTML 格式的文档，其中包括名字、文档说明以及顶层的关键字。该工具的语法如下。

```
python -m robot.testdoc [options] data_sources  output_file
```

其中[options]参数有以下几个。

- -T, --title <title>：给生成的文档取一个名字。默认就是顶层的目录名。
- -N, --name <name>：使用指定的名字覆盖默认的顶层目录名。
- -D, --doc <doc>：使用指定的文档说明覆盖顶层目录的默认文档说明。
- -M, --metadata <name:value>：设置新的或覆盖顶层目录里旧的元数据。
- -G, --settag <tag>：给所有的测试用例设置一个标签。
- -t, --test <name>：只包含指定测试用例的名字。
- -s, --suite <name>：只包含指定测试套件的名字。
- -i, --include <tag>：只对设置了指定标签的测试用例生成文档。
- -e, --exclude <tag>：排除具有指定标签的测试用例。
- -A, --argumentfile <path>：可以指定一个参数文件。

要给上面的购物车示例生成一份说明文档，命令如下。

```
D:\> cd  D:\eagle\github\RobotFramework\src\ShoppingCart\web
D:\> python -m robot.testdoc ./  documents.html
```

生成的测试文档如图 8-15 所示。

在这个 HTML 文件里，包含一些概览性质的测试信息。在测试套件级别包含测试套件的名字、文档、来源、测试用例数量及其名字。而打开某个测试用例后，除测试用例的名字、文档、标签外，这份文档还列出了测试用例第一层的步骤，但每一步都以 KEYWORD 开头。如果能在测试用例的第一层里把全部测试信息用关键字包装起来，并且关键字用自然语言的方式命名，就能生成一份比较易读的测试文档。

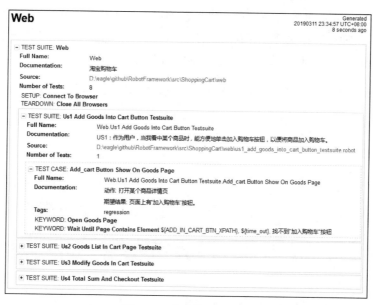

图 8-15　生成的测试文档

8.4.9　创建 Jenkins 任务

其实在 US1 的测试用例实现后，我们就可以在 Jenkins 里面为这个项目单独创建一个任务了。当下一次提交测试用例时，对于前面场景使用的测试用例，会自动做一个回归测试。

对于第 7 章中的 Run Robot Case 任务，修改 Build 选项卡中执行的 Windows 批处理命令，如图 8-16 所示。

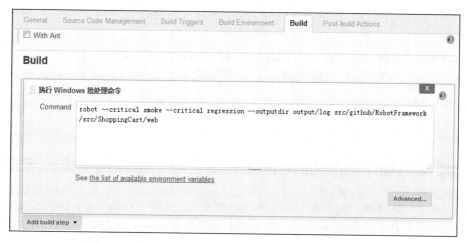

图 8-16　修改 Build 选项卡中执行的 Windows 批处理命令

在执行的 Windows 批处理命令里，将目标测试用例改成购物车所在的目录，现在这个 Jenkins 任务就用来递归运行购物车项目中的测试用例了。当然，也可以不修改 Run Robot Case 任务，而是新建一个 Jenkins 任务来专门运行购物车项目。

图 8-17 所示为这个购物车项目的测试用例添加过程和运行情况概览。

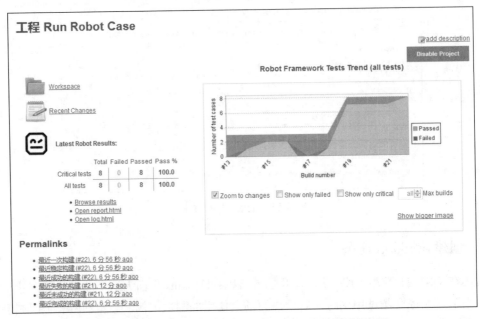

图 8-17 购物车项目的测试用例添加过程和运行情况概览

从图 8-17 可以看出，刚开始测试用例比较少，而且不稳定，这和实际项目开发吻合。但这里的失败不是因为软件没开发完（我们使用的是已经上线的淘宝购物车），而是由于项目中很多时候不能真的使用淘宝内部接口或数据库，而不得不采用一些模拟的方式。刚开始把这个测试用例全放到 Jenkins 里一起运行时会有些冲突，经过几次查看日志和修改，很快就可以让所有测试用例都通过。当购物车项目有新的修改或有新的 Robot Framework 测试用例加入时，Jenkins 会自动触发回归测试。如果这些测试用例都通过了，我们就可以发布新的购物车版本了。

8.5 App 版购物车的 Robot Framework 自动化测试用例设计与实现

随着智能手机的普及，大家很少再用 Web 版淘宝了，更多的人选择在手机淘宝 App 上选购自己喜欢的商品。对于前面购物车的实例，在分析用户需求和设计测试点的时候，作者故意没有区分是 Web 版还是 App 版。对于购物车而言，不管基于哪个版本，它们的使用场景和测试点设计基本一致。和测试 Web 的 SeleniumLibrary 类似，Robot Framework 也有一个专门用于测试 App 的测试库——AppiumLibrary。它和 SeleniumLibrary 在很大程度上使用了相同的定位逻辑和关键字设计，如基于 Click Element、Input Text 和 Xpath 表达式定位如出一辙，所以大部分测试用例可以复用。

下面几节将讲解如何修改现有的 Robot Framework 测试用例来验证 Android App 版的购物车功能。使用场景和测试点与 Web 版一致。

8.5.1　Android App 的页面布局

App 版和 Web 版淘宝类似，也有自己的布局格式和语言。图 8-18 所示为 Android App 购物车的布局。

图 8-18　Android App 购物车的布局

这是用 Android SDK 的 UI Automator Viewer（AndroidSDK_Home\sdk\tools\uiautomatorviewer.bat）

抓取的购物车页面，右上角是页面上的控件布局结构。从右上角的结构可以看出，App 的数据结构和 Web 版的 HTML 源代码一样，都采用分层的数据结构，它们都可以用 Xpath 表达式来定位某一个元素。右下角是当前选中的标签的详细信息。其中有几个关键属性（如 text、resource-id、class）可用于定位。例如，要定位到"编辑"按钮，可以用以下形式。

```
id= com.taobao.taobao:id/button_edit
```

另外，还可以用以下形式。

```
xpath=//android.widget.TextView[@text="编辑"]
```

需要补充说明的是，不是 UI Automator Viewer 上显示的属性都能用于定位，或都能用 AppiumLibrary 里的关键字 Get Element Attribute 取出来。AppiumLibrary 的定位策略如表 8-5 所示。

表 8-5 AppiumLibrary 的定位策略

节点属性	Get Element Attribute 关键字的参数	定位策略
Index	不能获取	不能定位
text	text	xpath=//*[@text='×××']
resource-id	resource-id	id=×××; xpath=//*[@resource-id='×××']
class	class	class=×××; xpath=//*[@class='×××']
package	不能获取	不能定位
content-desc	name	name=×××; xpath=//*[@name='×××']
password	不能获取	不能定位
bounds	用关键字 Get Element Location	不能定位
所有的×××able、×××ed，如 checkable、enabled、clickable 等	和显示的属性名一致	不能定位

8.5.2 App 目录和文件

1. 目录

我们创建一个专门的 App 目录来存放相关的测试文件，在目录的 Suite Setup 里打开淘宝 App，在 Suite Teardown 里关闭淘宝 App。App 目录下的 __init__.robot 文件用于存放对目录定义的操作，内容如下。

```
*** Settings ***
Suite Setup         Open Taobao App
```

Suite Teardown	Close Application
Resource	app_resource.robot

2. 测试套件文件

和 Web 版购物车一致，为一个用户故事创建一个测试套件文件，测试用例里的步骤很多可以重用，所以可以直接将 Web 版的测试套件复制到 App 目录下。

对于购物车测试，App 目录和文件结构如图 8-19 所示。

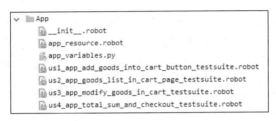

图 8-19　App 目录和文件结构

3. 资源文件

所有测试套件共同使用的关键字及其相关的变量放在资源文件 app_resource.robot 里。一开始能想到的公共的关键字可以实现打开淘宝 App、打开购物车页面、单击页面上的按钮等操作。先将这些公共的关键字用 AppiumLibrary 实现，其定义如下。

```
*** Settings ***
Library         AppiumLibrary      timeout=60       #如果网络比较差，可以把超时时间适当设置长一点，
#默认只有 5s。这个超时时间将适用于 Appium 里所有需要等待的关键字
Variables       app_variables.py

*** Variables ***
${appium_server}     http://localhost:4723/wd/hub      #Appium 服务器的地址
${android_phone}     127.0.0.1:62001    # Android 模拟器的地址，用 adb devices 命令可以看到

*** Keywords ***
Open Taobao App
    [Documentation]    打开淘宝 App
    Open Application    ${appium_server}    platformName=Android    platformVersion=4.4.2
    deviceName=${android_phone}    appPackage=com.taobao.taobao    appActivity=com.taobao.tao.
    welcome.Welcome
    unicodeKeyboard=True    resetKeyboard=True
    Wait Until Page Contains    淘宝


Wait And Click Element
    [Arguments]    ${locator}
```

```
        Wait Until Page Contains Element    ${locator}
        Click Element    ${locator}

Open Cart Page
    [Documentation]    打开购物车页面
    Start Activity    appPackage=com.taobao.taobao    appActivity=com.taobao.android.tra
    de.cart.CartActivity    #打开购物车页面,activity 的名字可以先手动打开,再用 AppiumLibary 的关键字
    Get Activity 获取
    Wait Until Page Contains Element    ${SHANGPING_LAYOUT_ID}    #等待商品的 layout "goods_
    #all_layout"出现
```

Open Taobao App 关键字用于打开淘宝 App。AppiumLibrary 的关键字 Open Application 以及各种参数的定义在第 6 章已经解释过了。这里多加了两个参数 unicodeKeyboard=True 和 resetKeyboard=True,这两个参数将支持向 Appium 发送中文请求,如在文本框中输入中文。

4.变量文件

变量文件 app_variables.py 用于存储测试用例里用到的 App 上控件的 id、Xpath 或其他定位表达式。变量文件可以在公共资源文件里导入一次,其他测试套件只需导入资源文件,不用再次重复导入变量文件了。

```
# -*- 编码:utf-8 -*-
#变量文件,用于存放 App 版淘宝的各种按钮 id 或 Xpath 定位符

######## 淘宝主页 ########
SEARCH_BAR = "id=com.taobao.taobao:id/home_searchedit"    #主界面上的搜索框,不能输入文字

######## 搜索页面 ########
SEARCH_TEXT_BOX = "id=com.taobao.taobao:id/search_bar"    #输入文字的搜索框
SEARCH_BTN = "id=com.taobao.taobao:id/search_button"    #搜索框右边的搜索按钮
SEARCH_RESULT_FIRST = "id=com.taobao.taobao:id/rfq_quote_array_item_img"    #搜索结果列表
#里第一个商品的图片

######## 商品详情页 ########
ADD_IN_CART_BTN_XPATH = "//android.widget.TextView[@text='加入购物车']"

######## 购物车商品列表页面 ########
SHANGPING_LAYOUT_ID = "id=com.taobao.taobao:id/goods_all_layout"    #包含商品所有信息的Relative-
#Layout 控件
SHANGPING_TITLE_ID = "id=com.taobao.taobao:id/textview_goods_title"  #商品标题控件的 ID
SHANGPING_TITLE_XPATH = "//android.widget.TextView[@resource-id='com.taobao.taobao:id/
textview_goods_title']"  #商品标题控件的 Xpath
SHANGPING_AMOUNT_XPATH = "//android.widget.TextView[@resource-id='com.taobao.taobao:id/
textview_count']"    #商品数量
SHANGPING_CHK_BOX_XPATH = "//android.widget.CheckBox[@resource-id='com.taobao.taobao:id/
```

```
checkbox_goods']"          #商品复选框
SHANGPING_PIC_XPATH = "//android.widget.ImageView[@resource-id='com.taobao.taobao:id/
imageview_goods_icon']"       #商品图片
SHANGPING_PRICE_XPATH = "//android.widget.TextView[@resource-id='com.taobao.taobao:id/
textview_real_price']"        #商品价格
BOTTOM_OF_CART_XPATH = "//android.widget.ImageView[@resource-id='com.taobao.taobao:id/iv_
main_pic_head']"     #购物车列表底部的"你可能还喜欢"图片

######## 购物车商品编辑页面 ########
CHECKBOX_ID = "id=com.taobao.taobao:id/checkbox_goods"       #复选框
EDIT_BTN_ID = "id=com.taobao.taobao:id/textview_edit"        #"编辑"按钮
FINISH_BTN_XPATH = "xpath=//android.widget.TextView[@text='完成']"    #"完成"按钮
ADD_BTN_ID = "id=com.taobao.taobao:id/imagebutton_num_increase"      #"+"按钮
MINUS_BTN_ID = "id=com.taobao.taobao:id/imagebutton_num_decrease"    #"-"按钮
AMOUNT_TEXT_ID = "id=com.taobao.taobao:id/button_edit_num"   #商品数量
PRICE_TEXT_ID = "id=com.taobao.taobao:id/textview_real_price"    #价格
TOTAL_COST_ID = "id=com.taobao.taobao:id/textview_closingcost_price"   #总金额
POPUP_AMOUNT_TEXT_ID = "id=com.taobao.taobao:id/edittext_edit_num" #在弹出窗口里的商品数量显示框
POPUP_OK_ID = "id=com.taobao.taobao:id/TBDialog_buttons_OK"      #在弹出窗口里的"确认"按钮
```

8.5.3 App 版购物车的 US1："加入购物车"按钮能出现在所有商品的页面上

App 版购物车的 US1 的测试点参见表 8-1。

商品详情页如图 8-20 所示，其中"加入购物车"按钮在屏幕的右下角。

测试点和 Web 版购物车一致，我们在淘宝 App 中浏览某个商品详情页的时候，能随时单击"加入购物车"按钮，将商品添加到购物车里。测试用例的实现如下。

```
*** Settings ***
Documentation    US1：作为用户，当他看中某个商品时，能方便地单击"加入购物车"按钮，以便将商品加入购物车
Resource         app_resource.robot

*** Test Cases ***
Add_cart Button Show On Goods Page
    Open Goods Page
    Wait Until Page Contains Element    ${ADD_IN_CART_BTN_XPATH}    error=找不到"加入购物车"按钮

*** Keywords ***
Open Goods Page
    Wait And Click Element    ${SEARCH_BAR}           #主界面上的搜索框
    Wait And Click Element    ${SEARCH_TEXT_BOX}      #可以输入文字的搜索框
    Input Text    ${SEARCH_TEXT_BOX}    诺基亚          #任意输入商品关键词
    Wait And Click Element    ${SEARCH_BTN}           #文本框右边的搜索按钮
    Wait And Click Element    ${SEARCH_RESULT_FIRST}  #搜索到的商品以列表方式显示出来，单击第一个商品
```

图 8-20　商品详情页

注意，测试用例的步骤和 Web 版的测试用例一模一样。

（1）使用关键字 Open Goods Page 打开购物车。

（2）也使用与 SeleniumLibrary 相同的关键字和参数。但这里的 Wait Until Page Contains Element 是 AppiumLibrary 提供的，只不过它的名字、功能和用法与 SeleniumLibrary 里的相同，都用于等待页面或 App 上出现指定的按钮。如果找不到，则输出第三列中 error 指定的错误消息——找不到"加入购物车"按钮。

由于第（1）步里调用的 Open Goods Page 关键字是 App，没有地址栏可以输入，因此就没有 Web 版那么简单，可以直接通过一个商品链接来打开。依次打开淘宝 App，搜索某个商品，单击列表里的商品，打开商品详情页。Open Goods Page 就是按照这个步骤打开商品详情页的。

Wait And Click Element 是我们自己包装的关键字,用于确保想要单击的按钮出现后才单击它。它定义在资源文件 app_resource.robot 里,包装了 AppiumLibrary 的两个关键字。

```
*** Keywords ***
Wait And Click Element
    [Arguments]    ${locator}
    Wait Until Page Contains Element    ${locator}
    Click Element    ${locator}
```

8.5.4　App 版购物车的 US2:进入购物车页面,能看见所有挑选的商品列表

App 版购物车的 US2 的测试点参见表 8-2。

1.测试点:购物车里的商品一个一个显示在页面上

在 Web 版购物车里,商品的每一项都有一个不同的 class 属性,所以通过 class 属性很容易定位商品的属性。那么,App 版购物车中有没有类似的属性可以用于定位呢?商品列表的页面布局如图 8-21 所示。

图 8-21　商品列表的页面布局

从图 8-21 中，我们能看出所有商品都放在一个 id 为 com.taobao.taobao:id/goods_all_layout 的 RelativeLayout 里面，那么通过 id=com.taobao.taobao:id/goods_all_layout 是不是就可以获取所有商品了呢？理论上是对的，答案都是错误的。这与 Appium 页面的抓取方式有关。AppiumLibrary 的关键字 Get Webelements 只能抓取当前页面已经显示出来的 4 个商品，并不能取得其他隐藏在屏幕下方的商品。所以我们没法使用 Web 版的方式通过 Get Webelements 来判断商品的数量。

获取购物车中所有商品的思路如下。

（1）将第一页的所有商品的名称取出并放进一个 List 里。

（2）向上滑动屏幕取出第二页的商品，将它们的名称全部添加到 List 里。

（3）继续向上滑动屏幕，直到到达商品列表底部。

（4）由于每次滑动并不能得到完整的一页，因此有可能有的商品取了两次。将 List 里重复的商品移除，就得到购物车中所有商品的名称列表。

测试用例的设计如下。

```
*** Settings ***
Suite Setup       Open Cart Page
Resource          app_resource.robot
Library           String
Library           Collections

*** Test Cases ***
Check Goods Numbers Showed On Page
    [Documentation]    动作:
    ...    打开购物车页面
    ...
    ...    期望结果:
    ...    购物车里的商品一个一个显示在页面上
    ${num_in_db}     Get Goods Number From DB
    ${num_on_page}   Get Goods Number From Page
    Should Be Equal As Integers    ${num_in_db}    ${num_on_page}

*** Keywords ***
Get Goods Number From DB
    ${ret}    Set Variable    6
    [Return]    ${ret}
```

由于测试用例的测试步骤和 Web 版是一模一样的，关键字 Get Goods Number From DB 从同一张表里获取数据，因此获取的数据也应该是相同的。我们没法读取数据库，就直接设置一个值。不同之处是关键字 Get Goods Number From Page，其定义如下。

```
Get Goods Number From Page
    @{list_all_titles}    Create List    #创建一个空 List,用于存放所有的商品名称
    : FOR    ${i}    IN RANGE    10    #假设购物车中有 10 页
    \    @{list_t}    Get All Goods Title On Page    #取得当前页面的所有商品名称
    \    Log Many    @{list_t}
    \    Append To List    ${list_all_titles}    @{list_t}
    \    ${count}    Get Matching Xpath Count    ${BOTTOM_OF_CART_XPATH}    #查找是否有"你
#可能还喜欢"图片
    \    Exit For Loop If    ${count}>0    #如果找到，就表明到达购物车底部，退出循环
    \    Swipe Up One Page    #向上滑动页面，手指由屏幕底部往上滑动
    @{list_all_titles}    Remove Duplicates    ${list_all_titles}    #移除重复的商品
    ${number}    Get Length    ${list_all_titles}    #转换成 Scalar 形式才能取得数组长度
    [Return]    ${number}

Get All Goods Title On Page
    [Documentation]    取得当前页面上的所有商品名称
    @{elements}    Get Webelements    ${SHANGPING_TITLE_ID}
    ${number}    Get Length    ${elements}
    @{list_title}    Create List
    : FOR    ${i}    IN RANGE    ${number}
    \    ${i}    Evaluate    ${i}+1
    \    ${title}    Get Text    xpath=(${SHANGPING_TITLE_XPATH})[${i}]
    \    Append To List    ${list_title}    ${title}
    [Return]    @{list_title}
```

这个关键字里要用到嵌套循环。第一层循环用于遍历每次滑动的页面，第二层循环用于取得页面上每一个商品的信息。由于 Robot Framework 不支持嵌套循环，因此将第二层循环放进关键字 Get All Goods Title On Page 里。

需要特别注意的是，App 中 Listview 里元素的 id 值都是相同的，如果用 id 查找，只能返回第一个元素。要定位每一个元素，只有通过索引查找，但属性 Index 是没法访问的。我们一般通过 Xpath 定位符找出所有符合的元素，然后通过下标定位 Listview 中的每一个元素。用法见关键字 Get All Goods Title On Page 里的 xpath=(${SHANGPING_TITLE_XPATH})[${i}]，展开变量后，即 xpath=(//android.widget.TextView[@resource-id='com.taobao.taobao:id/textview_goods_title'])[${i}]。圆括号中的 Xpath 表达式匹配的是一组 id 相同的 TextView 控件，将返回一个列表，方括号[${i}] 就是这个列表的下标。

Appium 对滑动屏幕的操作提供了两个关键字 Swipe 和 Swipe By Percent。Swipe 按像素滑动，不同的手机有不同的像素分辨率，按像素滑动不是很通用。Swipe By Percent 可以按比例滑动。

```
Swipe Up One Page
    Swipe By Percent    50    70    50    20
```

需要注意的是,屏幕左上角为(0,0)点,往右 x 轴上的坐标增加,往下 y 轴上的坐标增加。所以要向上滑动屏幕时,y 轴上的开始坐标应该比结束坐标大。Swipe Up One Page 关键字模拟手指从屏幕高度的 70%处开始往上滑动到 20%处。不要使用官方文档里的示例的默认值,即"Swipe By Percent   50   **90**   50   **10**"。这看起来好像整整滑动了一屏幕,但是由于屏幕上下都有菜单等控件,从屏幕高度的 90%处开始是滑动不了的。读者可以在手机上手工尝试一下。滑动开始点必须在 Listview 控件或 Scrollview 控件上。

向上或向下滑动屏幕是通用的操作,我们可以将该关键放在 app_resource.robot 里。在一个测试用例里滑动了购物车中的屏幕,会影响下一个测试用例的测试,所以在测试用例的 Teardown 里,我们要返回购物车中屏幕的顶端。在 app_resource.robot 里修改 Open Cart Page 并增加如下几个关键字。

```
Open Cart Page
    [Documentation]    打开购物车页面
    Start Activity    appPackage=com.taobao.taobao    appActivity=com.taobao.android.trade.
    cart.CartActivity    #打开购物车页面,Activity 的名字可以用 Appium 的关键字 Get Activity 获取
    Wait Until Page Contains Element    ${SHANGPING_LAYOUT_ID}    #等待商品的 Layout 出现
    goods_all_layout
    ${first_goods_title}    Get Text    ${SHANGPING_TITLE_ID}    #保存购物车页面中第一个商品
    #的名称。在有的测试用例中会滑动屏幕到下一屏,为了不影响后面的测试用例,在 Teardown 里将购物车再返回
    #顶端。用购物车里的第一个商品名称来定位是否到了顶端
    Set Suite Variable    ${first_goods_title}

Swipe Up One Page
    [Documentation]    向上滑动一屏
    Swipe By Percent    50    70    50    20

Swipe Down One Page
    [Documentation]    向下滑动一屏
    Swipe By Percent    50    20    50    70

Swipe To Top
    [Documentation]    滑动到购物车顶端
    :FOR    ${i}    IN RANGE    10
    \    ${title}    Get Text    xpath=(${SHANGPING_TITLE_XPATH})
    \    Exit For Loop If    '${title}'=='${first_goods_title}'
    \    Swipe Down One Page
```

在关键字 Open Cart Page 里取出第一个商品顶端的元素并将它的值保存起来。当把屏幕向下滑动以后,可以通过第一个商品顶端的元素把屏幕返回第一屏。将返回第一屏的关

键字 Swipe To Top 放在有滑动屏幕操作的测试用例的 Teardown 中，以消除滑动屏幕对其他测试用例的影响。

2．测试点：商品的信息包括所属店铺、图片、名称、单价、数量、金额和可用的操作等信息

从用户角度来说，这个测试点和 Web 版的购物车是完全一样的——需要检查每一个商品的每一个属性，看它们是否全部显示在页面上并有合法的值。这个测试用例的设计思路如下。

（1）检查购物车页面中每一个商品的所有属性。

（2）滑动屏幕到下一屏，继续重复上一步。

（3）直到购物车列表显示完毕。

Robot Framework 测试用例的设计如下。

```
*** Test Cases ***
Check Goods Items Showed On Page
    [Documentation]    动作：
    ...        打开购物车页面
    ...    期望结果：
    ...        商品的信息包括所属店铺、图片、名称、单价、数量、金额和可用的操作等信息
    : FOR    ${i}    IN RANGE    10
    \    Check Each Goods On Page    #检查当前页面上每一个商品的属性是否正确显示
    \    ${count}    Get Matching Xpath Count    ${BOTTOM_OF_CART_XPATH}    #向下滑动到购物
    #车列表的底部，"你可能还喜欢"图片出现
    \    Exit For Loop If    ${count}>0
    \    Swipe Up One Page
```

测试用例中用一个 FOR 循环来获取每一屏上所有商品的属性并一一进行检查。获取属性并检查的关键字是 Check Each Goods On Page，其定义如下。

```
*** Keywords ***
Check Each Goods On Page
    @{elements}    Get Webelements    ${SHANGPING_LAYOUT_ID}
    ${number}    Get Length    ${elements}    #用 Scalar 形式才能取到数组长度
    : FOR    ${i}    IN RANGE    ${number}
    \    ${i}    Evaluate    ${i}+1    #元素下标不是从 0 开始的，而是从 1 开始的
    \    ${status}    ${value}    Run Keyword And Ignore Error    Element Should Be Visible
xpath=(${SHANGPING_TITLE_XPATH})[${i}]
    \    Continue For Loop IF    '${status}' != 'PASS'    #取商品顶部的一个元素，如果它没有出
    #现在页面中，表示商品没有显示完整，或者它已经在上一次处理过了，继续处理下一个
    \    ${status}    ${value}    Run Keyword And Ignore Error    Element Should Be Visible
xpath=(${SHANGPING_AMOUNT_XPATH})[${i}]
```

```
    \         Continue For Loop IF      '${status}' != 'PASS'       #取商品底部的一个元素,如果它没有出
    #现在页面中,表示商品没有显示完整,不处理这个商品,滑到下一屏时再处理
    \         &{dict_goods_items}       Get Goods Properties      ${i}
    \         Check Each Item In Goods        &{dict_goods_items}

Check Each Item In Goods
    [Arguments]       &{items}
    Log Many          &{items}
    Should Not Be Empty       &{items}[chk]
    Should Not Be Empty       &{items}[img]
    Should Not Be Empty       &{items}[title]
    Should Match Regexp       &{items}[price]       [0-9]+\\.[0-9]+|[0-9]+
    Should Match Regexp       &{items}[amount]      [0-9]+
```

取商品属性前,我们要检查它的所有属性是否都完整显示在页面中了,否则会因为看不见而找不到元素。这在逻辑上来说还是比较简单的。具体步骤如下。

(1) 取得当前页面的商品数量,用${SHANGPING_LAYOUT_ID}(id=com.taobao.taobao:id/goods_all_layout)定位。

(2) 用 FOR 循环来处理每一个商品。

(3) 进入 FOR 循环后,先判断商品是否完整显示在页面上。若没有完整显示,会导致有些属性取不到而报错。若没有完整显示,也表明这个商品在上一屏中已经处理过了,或者位于屏幕底部,还没有完全显示出来,当滑动到下一屏时再处理,所以跳过它,继续处理下一个。

(4) 定义一个关键字 Get Goods Properties 来获取具体的商品属性。

(5) 用关键字 Check Each Item In Goods 来对商品属性进行一一验证。

(6) 直到当前页面上的所有商品都验证完毕。

关键字 Get Goods Properties 的实现有点烦琐,它使用大量 Xpath 定位表达式来匹配商品的每一个属性,代码实现如下。

```
Get Goods Properties
    [Arguments]       ${index}
    [Documentation]        取得指定商品的所有属性,包括是否选中、名称、价格、数量等信息
    ...       input:  ${index}   商品在本页中的编号
    ...       output: &{dict_goods_items}包含商品所有属性的 Dictionary 变量

    &{dict_goods_items}       Create Dictionary      #创建一个空的 Dictionary 变量用于存放商品的属性
    ${chk}    Get Element Attribute      xpath=(${SHANGPING_CHK_BOX_XPATH})[${index}]
    checked       #取商品是否选中的属性
    Set To Dictionary     ${dict_goods_items}     chk    ${chk}     #放入 Dictionary 变量中,此
```

```
#处要用Scalar的书写方式。
${img}        Get Element Attribute    xpath=(${SHANGPING_PIC_XPATH})[${index}]      enabled
#取商品的图片
Set To Dictionary      ${dict_goods_items}      img      ${img}
${title}      Get Text      xpath=(${SHANGPING_TITLE_XPATH})[${index}]      #取商品的名称
Set To Dictionary      ${dict_goods_items}      title      ${title}
${price}      Get Element Attribute      xpath=(${SHANGPING_PRICE_XPATH})[${index}]
text       #取商品的单价
${price}      Remove String      ${price}      ￥      #移除货币符号
Set To Dictionary      ${dict_goods_items}      price      ${price}
${amount}     Get Element Attribute      xpath=(${SHANGPING_AMOUNT_XPATH})[${index}]
text       #取商品数量
${amount}     Remove String      ${amount}      ×      #移除数量里的×符号
Set To Dictionary      ${dict_goods_items}      amount      ${amount}
[Return]      &{dict_goods_items}
```

上面这个关键字看起来有点杂乱无章，这里将所有Xpath表达式用变量代替了，如果直接写出Xpath表达式，那就非常冗长。由于本书篇幅的限制，一行中不能写太多东西，因此用文本形式呈现的代码看起来也会有点凌乱。但在RIDE或PyCharm等编辑器里看起来还是比较规整的，如图8-22和图8-23所示。

图8-22　RIDE里的内容

```
46      Get Goods Properties
47          [Arguments]    ${index}
48          [Documentation]    取得指定商品的所有属性，包括是否选中、名称、价格、数量等信息
49          ...    input:  ${index} 商品在本页中的编号
50          ...    output: &{dict_goods_items}包含商品所有属性的Dictionary变量
51          &{dict_goods_items}    Create Dictionary    #创建一个空的Dictionary变量用于存放商品的属性
52          ${chk}    Get Element Attribute    xpath=(${SHANGPING_CHK_BOX_XPATH})[${index}]    checked    #取商品是否选中的属性
53          Set To Dictionary    ${dict_goods_items}    chk    ${chk}    #放入Dictionary变量中，此处要用Scalar的书写方式
54          ${img}    Get Element Attribute    xpath=(${SHANGPING_PIC_XPATH})[${index}]    enabled    #取商品的图片
55          Set To Dictionary    ${dict_goods_items}    img    ${img}
56          ${title}    Get Text    xpath=(${SHANGPING_TITLE_XPATH})[${index}]    #取商品的名称
57          Set To Dictionary    ${dict_goods_items}    title    ${title}
58          ${price}    Get Element Attribute    xpath=(${SHANGPING_PRICE_XPATH})[${index}]    text    #取商品的单价
59          ${price}    Remove String    ${price}    ￥    #移除货币符号
60          Set To Dictionary    ${dict_goods_items}    price    ${price}
61          ${amount}    Get Element Attribute    xpath=(${SHANGPING_AMOUNT_XPATH})[${index}]    text    #取商品数量
62          ${amount}    Remove String    ${amount}    ×    #移除数量里的x符号
63          Set To Dictionary    ${dict_goods_items}    amount    ${amount}
64          [Return]    &{dict_goods_items}
```

图 8-23　PyCharm 编辑器里的内容

用 Get Element Attribute、Get Text 等 AppiumLibrary 关键字能取商品的所有属性，例如是否选中、名称、价格、数量等，将这些属性统统放在 Dictionary 变量&{dict_goods_items}中。

为什么没有像 Web 版一样，使用 BeautifulSoup 来解析每一个商品的属性？因为 Appium 不像 Selenium 那样可以通过取元素的 innerHTML 属性来获得指定节点的源码，而只使用一个 Get Source 关键字来返回整个页面的源代码。作者曾经试图通过修改 AppiumLibrary 来获取某一个元素的源代码，但暂时无法深入理解 Appium，研究了半天还是放弃了。Appium 官方论坛上也有人提出了这个需求，但是几年过去了，还是没有提上日程。希望热心的读者能深入理解它，从而提供一个比较方便的处理方法，把测试人员从冗长的 Xpath 表达式中解脱出来。

8.5.5　App 版购物车的 US3：能修改购物车里已选商品

App 版购物车的 US3 的测试点参见表 8-3。

1．测试点：修改商品数量，金额相应增加

修改商品数量包括表 8-3 中第 2～4 行的 3 个测试点，我们可以在一个测试用例里把它们全部覆盖。

App 版的布局和 Web 版略有不同，在购物车界面不能直接单击"+"按钮、"－"按钮或修改数量，需要先单击"编辑"按钮，然后才可以修改商品数量。App 版购物车修改商品数量如图 8-24 所示。

商品总价不像 Web 版那样，每种商品单独统计一次，而只在页面右下角统计了所有商品总价。不管怎么说，App 版和 Web 版不太一样，但是测试点里提到的信息都显示在购物车页

面上。此测试用例的设计思路如下。

图 8-24　App 版购物车修改商品数量

（1）在测试用例的 Setup 中先取出第一个商品的单价，因为进入编辑状态后，就无法获取单价了。取出单价后，将商品数量设置为编辑状态。

（2）单击"+"或"-"按钮修改数量。

（3）检查总价是否等于单价乘以数量。

（4）直接输入数量，并检查总价是否正确。

（5）检查完成后，退出编辑状态，将商品状态恢复到正常显示状态。

我们用测试用例"Edit Goods Amount And Check Money Sum"来覆盖以上的测试点。测试用例的实现如下。

```
*** Test Cases ***
Edit Goods Amount And Check Money Sum
```

```
[Documentation]    动作:
    ...    单击商品数量旁的"+"或"-"按钮直接修改数量
    ...
    ...    期望结果:
    ...    购物车的总价将进行相应的调整
[Setup]    Edit Number Setup
Wait And Click Element    ${ADD_BTN_ID}
Check Goods Sum Is Correct Or Not
Wait And Click Element    ${MINUS_BTN_ID}
Check Goods Sum Is Correct Or Not
Change Goods Number To    10
Check Goods Sum Is Correct Or Not
Change Goods Number To    1
Check Goods Sum Is Correct Or Not
[Teardown]    Edit Number Teardown
```

这个测试用例中,我们在 Setup 里先取得商品的单价,然后将商品数量设置成可编辑状态。在 Teardown 里则将之还原成原始状态。这两个关键字的实现如下。

```
*** Keywords ***
Edit Number Setup
    ${price}    Get Price    ${PRICE_TEXT_ID}
    Set Suite Variable    ${price}    #保存价格供其他关键字使用
    ${checked}    Get Element Attribute    ${CHECKBOX_ID}    checked
    Run Keyword If    '${checked}'=='false'    Click Element    ${CHECKBOX_ID}
    Click Element    ${EDIT_BTN_ID}

Edit Number Teardown
    ${checked}    Get Element Attribute    ${CHECKBOX_ID}    checked
    Run Keyword If    '${checked}'=='true'    Click Element    ${CHECKBOX_ID}
    Click Element    ${FINISH_BTN_XPATH}
```

Setup 执行完后,商品变成可编辑状态。这时可以单击"+"或"-"按钮输入商品数量。修改完成后,用关键字 Check Goods Sum Is Correct Or Not 验证总价是否调整正确。检查总价的关键字的实现如下。

```
Check Goods Sum Is Correct Or Not
    ${amount}    Get Element Attribute    ${AMOUNT_TEXT_ID}    text
    ${total_sum}    Get Price    ${TOTAL_COST_ID}
    ${expect_total_sum}    Evaluate    ${amount} * ${price}
    Should Be Equal As Numbers    ${total_sum}    ${expect_total_sum}    precision=2
```

运行这个测试用例,得到的日志如图 8-25 所示。

测试用例按预期运行正常,不管单击"+"或"-"按钮还是直接输入数量,商品总价都能正确计算并显示。

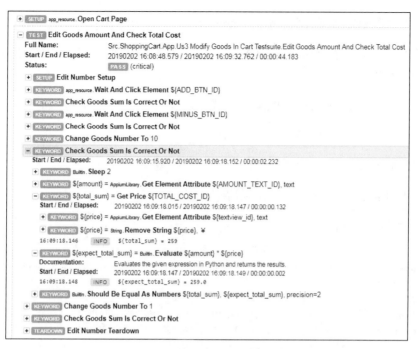

图 8-25　测试用例的日志

接下来，表 8-3 中第 5～6 行的两个测试点实现起来就比较容易了，"删除"按钮在页面上很容易定位，这里就不再举例了，大家可以自己练习。

2. 测试点：异常输入的测试点

对于 App 版购物车，异常输入的测试点如表 8-6 所示。

表 8-6　　　　　　　对于 App 版购物车，异常输入的测试点

动作	期望结果
将商品数量改为 0	弹出提示"受不了了，宝贝不能再减少了哦！"，数量保持不变
将商品数量改为-2	忽略负号，设置为 2
将商品数量改为小数	忽略小数点，将所有数字填入，如 2.5 将变成 25
商品数量里输入一个非数字的字符	数量保持上一次的值不变。没有提示
将商品数量设置成计算机能接受的最大数值加 1	数量保持上一次的值不变。没有提示

输入和 Web 版一样，但是对于期望结果，两个版本的购物车有些小出入。但是我们需要验证，不管怎么输入它们，都不会导致总价计算出错，或出现软件崩溃。

和上一个编辑数量的测试用例一样，我们要使用同样的 Setup 和 Teardown 来使商品处于编辑状态。这个测试套件中有两个测试用例，都用同样的 Setup 和 Teardown，所以我们可以

在测试套件里设置测试用例的 Setup 和 Teardown，对于每个测试用例，就不用再重复添加了。

和 Web 版一样，这种有多个非法输入而且逻辑相同的测试用例适合用数据驱动的方式。测试用例的设计思路如下。

（1）采用模板实现数据驱动的测试用例设计。

（2）将输入和期望结果作为模板的参数传入。

（3）在界面上修改商品的数量，填入非法的数字或字符。

（4）验证界面上显示的数量是否和期望的一致。

测试用例的实现如下。

```
*** Settings ***
Documentation    US3：作为用户，当他浏览购物车页面时，能随时修改商品数量或将商品移出购物车，以便根据需
要增加或减少所选择的商品
Suite Setup      Open Cart Page
Test Setup       Edit Number Setup      #在测试套件里声明每个测试用例默认的 Setup
Test Teardown    Edit Number Teardown   #在测试套件里声明每个测试用例默认的 Teardown
Resource         app_resource.robot
Library          String

*** Test Cases ***
Invalid Amount Input
    [Template]    Check Invalid Amount Input
    -2     2
    -1     1
    0      1
    2.5    25
    2147483648    25
    a      25
    1      1

*** Keywords ***
Check Invalid Amount Input
    [Arguments]    ${input_value}    ${expected_value}
    Change Goods Number To    ${input_value}
    ${amount}    Get Element Attribute    ${AMOUNT_TEXT_ID}    text
    Should Be Equal As Integers    ${amount}    ${expected_value}

Change Goods Number To
    [Arguments]    ${number}
    Wait And Click Element    ${AMOUNT_TEXT_ID}
    Wait Until Page Contains Element    ${POPUP_AMOUNT_TEXT_ID}    #等待修改数量的窗口弹出
    Clear Text    ${POPUP_AMOUNT_TEXT_ID}    #输入数字前，先清除旧的数字
```

```
Input Text        ${POPUP_AMOUNT_TEXT_ID}      ${number}
Click Element     ${POPUP_OK_ID}
sleep    1        #稍等一下，等待返回购物车页面
```

对逻辑相同但输入数据不同的使用场景使用模板非常有效，可以用较少的篇幅实现大量的数据验证。

8.5.6　App 版购物车的 US4：进入收银台前能看到商品总价

App 版购物车的 US4 的测试点参见表 8-4。

1. 测试点：在每个商品旁有一个复选框，默认全不选中

通过前面的示例，我们已经知道如何遍历购物车里的所有商品，如何把商品的每一个属性取出来，包括有没有选中复选框，在此就不再讲解怎么实现了，有兴趣的读者可以自己实现它们。

2. 测试点：能正确显示所有已选商品的总价

这个测试用例中，首先随机在购物车里勾选几个商品，然后根据单价和数量计算出商品的总价，并和购物车页面上显示的总价进行比对，看是否正确。测试用例的设计思如下。

（1）在购物车中随机将一些商品置成选中状态，由于 App 中一页显示不完所有商品，因此可能需要滑动屏幕来选中之后的商品。

（2）根据商品数量和单价计算所有选中的商品的价格。

（3）取出购物车页面中显示的总价。

（4）比对显示的总价和计算出来的价格。

测试用例的实现如下。

```
*** Test Cases ***
Check Sum For All Checked Goods
    Select Some Goods Randomly
    ${sum_calculated}       Calculate Sum For All Checked Goods
    ${sum_get_from_page}    Get Price    ${TOTAL_COST_ID}
    Should Be Equal As Numbers    ${sum_calculated}    ${sum_get_from_page}    precision=2
```

测试用例看起来简单，但是由于不能在一页中显示所有商品，因此关键字 Calculate Sum For All Checked Goods 实现起来还是有点复杂的，实现思路如下。

（1）计算当前页中所有选中的商品总价。

（2）将计算过的商品名称保存下来。

（3）向上滑动屏幕显示更多商品。

（4）检查当前页中所有选中的商品，如果有新的商品，就将其总价累加。

（5）重复上面步骤，直到到达购物车列表底部。

关键字的实现如下。

```
*** Keywords ***
Calculate Sum For All Checked Goods
    ${sum}      Set Variable      0          #创建一个Scalar变量用于保存商品总价
    @{list_titles_in_last_page}      Create List      not_exist_title      #创建一个List变量用于保
#存上一页中所有的商品名称。预设一个不存在的商品名称，否则系统自带的关键字List Should Contain Value
#会因为空List而报错
    Set Suite Variable      @{list_titles_in_last_page}
    : FOR      ${i}      IN RANGE      10
    \      ${sum_page}      Calculate Sum For Current Page      #计算当前页中的商品总价
    \      ${sum}      Evaluate      ${sum} + ${sum_page}
    \      ${count}      Get Matching Xpath Count      ${BOTTOM_OF_CART_XPATH}      #向下滑动到购物
#车列表的底部，"你可能还喜欢"图片出现
    \      Exit For Loop If      ${count}>0
    \      Swipe Up One Page      #向上滑动，取第二页中的商品
    [Return]      ${sum}


Calculate Sum For Current Page
    ${sum}      Set Variable      0
    @{elements}      Get Webelements      ${SHANGPING_TITLE_ID}
    ${number}      Get Length      ${elements}
    @{list_titles_in_current_page}      Create List      #创建一个List变量用于存放本页的所有商品名称
    : FOR      ${i}      IN RANGE      ${number}
    \      ${i}      Evaluate      ${i}+1
    \      ${status}      ${value}      Run Keyword And Ignore Error      Element Should Be Visible
xpath=(${SHANGPING_TITLE_XPATH})[${i}]
    \      Continue For Loop IF      '${status}' != 'PASS'      #取某个商品顶部的一个元素，如果它没有
#出现在页面中，表示商品没有显示完整，或者它已经在上一次处理过了，继续处理下一个
    \      ${status}      ${value}      Run Keyword And Ignore Error      Element Should Be Visible
xpath=(${SHANGPING_AMOUNT_XPATH})[${i}]
    \      Continue For Loop IF      '${status}' != 'PASS'      #取某个商品底部的一个元素，如果它没有
#出现在页面中，表示商品没有显示完整，不处理这个商品，滑动到下一屏时再处理
    \      &{dict_goods_items}      Get Goods Properties      ${i}
    \      ${status}      ${value}      Run Keyword And Ignore Error      List Should Contain
Value      ${list_titles_in_last_page}      &{dict_goods_items}[title]
    \      Continue For Loop IF      '${status}' == 'PASS'      #在上一页中已经把这个商品计算在内，这
```

```
                    #次不再重复计算
    \       Append To List      ${list_titles_in_current_page}      &{dict_goods_items}[title]
                    #将新的商品名称加入 List
    \       ${sum_one}      Evaluate      &{dict_goods_items}[price] * &{dict_goods_items}[amount]
    \       ${sum_one}      Set Variable If      '&{dict_goods_items}[chk]'=='true'      ${sum_one}    0
                    #如果商品选中,就累加商品总价;如果没有选中,就累加一个 0
    \       ${sum}      Evaluate      ${sum} + ${sum_one}
    @{list_titles_in_last_page}      Copy List      ${list_titles_in_current_page}      #更新上一
                    #页的商品名称列表,为下一页做准备
    Set Suite Variable      @{list_titles_in_last_page}
    [Return]      ${sum}
```

由于滑动过程中没法保证得到完整的一页,因此第二页中可能存在已经计算过的商品。为了规避这种情况,特意设置了一个 List 变量@{list_titles_in_last_page}来判断是否本页中出现的商品在上一页已经计算过了。

8.6 小结

本章用淘宝购物车实例讲解了从产品需求分析开始到用 Robot Framework 自动化测试用例验证产品功能的整个过程。用户的需求一般是一两句比较模糊的话,作为软件测试人员或开发人员,我们有义务在开始编写代码前将用户的需求和产品经理或用户代理讨论清楚。用测试点记录用户的使用场景,并与开发人员、测试人员、产品经理(或用户代理)三方达成一致的契约。这份契约不是一旦定下来就不能更改的,在实现过程中,如果发现有不对的地方,三方一起充分沟通后可以更新这份契约,测试人员和开发人员再根据新的契约来实现或验证软件产品。

有了测试点后,测试人员可以开始设计和实现测试用例,开发人员可以开始编写软件代码了。每实现一个测试点,我们即可提交到编译仓库,Jenkins 会自动触发软件编译和运行测试用例,并自动发布到线上系统。

淘宝购物车有 Web 版和 App 版,我们分别用 Selenium 和 Appium 自动化测试工具来实现 Robot Framework 自动化测试用例。从本章的实例中可以看出,不管是 Web 版还是 App 版,Robot Framework 测试用例基本保持不变。因为 Robot Framework 测试用例是从用户的角度出发设计的端到端使用场景,不管是 Web 版还是 App 版,在功能上对购物车的需求基本是一致的。虽然测试用例一致,但是底层的软件是完全不同的。我们将与被测系统交互的部分抽象到变量文件或资源文件里,用修改关键字具体实现的方式来屏蔽这种被测系统的不同。

第 9 章
Robot Framework 的高级功能

通过对前面章节的学习，我们已经掌握了 Robot Framework 的基本语法，能够编写 Robot Framework 自动化测试用例，知道了如何运行它们并得到测试报告。有了这些基本知识，可以无障碍地设计和实现常用软件的自动化测试用例。本章会讲 Robot Framework 的一些高级功能，如并发执行、自定义扩展测试库等。

9.1 并发执行

我们的世界是千变万化的，有些系统会非常庞大和复杂，我们也许需要写成百上千个测试用例才能完全覆盖所有的使用场景。要将一个一个运行这些测试用例，也许需要几小时甚至几天时间。试想，我们提交一行代码，修改后要等几天，才能确定对现有功能有没有影响，这是不可接受的。这也和敏捷开发的基本要求——快速迭代和持续集成是冲突的。为了解决这个问题，我们需要将 Robot Framework 测试用例并发执行。一般一个测试套件为一个测试文件，最简单可行的办法是让所有测试套件一起运行。这些测试套件有可能是完全相互独立和可以并发执行的，但很多时候各个测试套件会共同操作一个部分，例如，在修改同一个配置文件时，它们之间就需要互斥地运行某些步骤。

9.1.1 并发执行相互独立的测试套件

测试套件可以完全相互独立,测试点也互相不影响。如果互相影响,我们需要将测试用例分类,让它们运行在不同的测试目标机上。本节将讲解如何在一套测试系统、同一个被测软件上并发执行相互独立的测试用例。

提到这类并发执行,不得不介绍一下 rebot 命令行,注意,不是 robot 命令行。rebot 命令行是做什么的呢?它和 robot 命令行是什么关系呢?

robot 命令行是用来执行测试用例的,robot 命令行执行完后会生成 XML 文件。rebot 命令行可以对一个或多个 XML 文件进行处理并合并生成一份 Log 和 report 文件。注意,可以处理多个文件,处理一个 XML 文件没有多大用处,robot 命令行执行时就能处理多个 XML 文件。有了处理多个文件这个功能,就能为并发执行后报告的处理提供有力的支持。

1. 语法

rebot 命令行的语法如下。

```
rebot [options] robot_outputs
```

rebot 命令行的语法和 robot 命令行的语法一致,就连 options 也是基本相同的。唯一的不同是,robot 命令行的输入是测试文件或目录,而 rebot 命令行的输入是 robot 命令行的 XML 输出文件。

2. 并发执行示例

如果有很多个相互独立的可以并发执行的测试套件,就可以使用 robot 命令行同时启动它们,运行完成后再使用 rebot 命令行生成报告。在下面的 Bash 脚本示例中,我们一起来看看它是如何触发并发执行,又是如何生成一份统一的测试报告的。

```bash
#!/bin/bash
cd /mytestdata/
#在后台启动 robot 命令行,执行测试用例
for test_suite in $(ls *_suite.robot);do
   robot --log none --report none --output /output/${test_suite}.xml ${test_suite} &
done
echo "开始运行测试用例..."
robot_proc_num=10
while ($robot_proc_num -gt 0);do
    #用 while 循环检查启动的测试用例,当测试用例数为 0 时,表示所有测试套件运行完毕
    echo ".\c"
```

```
    sleep 5
    robot_proc_num=$( ps -ef | grep robot|wc -l)
done
echo "测试完毕。生成测试报告中…"
rebot --name ParallelTest --output ParallelTest.xml --log ParallelTest_log.html --report
ParelelTest_report.html /output/*.xml
echo "测试报告已生成。"
```

上例中我们将 Robot Framework 测试系统搭建在 Linux 服务器上，用 Bash 脚本来调用 robot 命令行，启动测试用例。当然，在 Windows Windows 上，也可以用 Bat 脚本或用 Python 来写一个通用的脚本。上例中启动 robot 命令行并运行测试用例的语句如下。

```
robot --log none --report none --output /output/${test_suite}.xml ${test_suite} &
```

在 robot 命令行最后有一个特殊符号"&"，这在 Linux 系统上表示在后台执行命令，在返回之前立即执行下一条命令。我们首先用 for 循环找到所有测试套件并在后台执行。接下来，用 while 循环每隔 5s 检查一次测试用例。当没有测试用例时，表示所有测试套件执行完毕。最后我们调用 rebot 命令行将测试结果合并生成一份统一的测试报告。

再举一个例子，如果一个 Web 系统需要在 Firefox 和 Chrome 浏览器上做兼容性测试，运行一遍完整的回归测试可能需要几十分钟，因此可以同时在 Firefox 和 Chrome 浏览器上运行测试用例，运行后再生成一份完整的测试报告。robot 启动脚本如下。

```
#!/bin/bash
#在后台启动 robot 命令行，执行测试用例
robot --variable BROWSER:Firefox --name Firefox --log none --report none --output firefox.xml /mytestdata/ &
robot --variable BROWSER:chrome --name Chrome --log none --report none --output chrome.xml /mytestdata/ &
echo "开始运行测试用例…"
robot_proc_num=2
while ($robot_proc_num  -gt 0);do
    #用 While 循环检查启动的测试用例，当测试用例数为 0 时，表示所有测试套件运行完毕
    echo ".\c"
    sleep 5
    robot_proc_num=$( ps -ef | grep robot|wc -l)
done
echo "测试完毕。生成报告中…"
rebot --name CompatibleTest --output CompatibleTest.xml --log CompatibleTest_log.html -report CompatibleTest_report.html firefox.xml chrome.xml
echo "测试报告已生成"
```

这个示例和第一个示例基本类似，第一个示例用 for 循环查找所有的测试套件文件。这个示例中每次都要运行所有的测试套件，但是它是在不同的浏览器上做兼容性测试的。

除处理并发执行时生成的 XML 文件外，rebot 命令行还可以用于简单的结果合成。用户有没有遇到过以下这种情况呢？所有测试用例一起运行，有时候会有几个测试用例失败，再次运行这几个测试用例，发现又能成功通过。这样来看软件的功能是正常的，可能是测试用例写得不够健壮。这个时候怎么生成测试报告呢？rebot 命令行可以助你一臂之力。废话不多说，直接看代码。

```
robot --output original.xml tests        # 第一次运行所有测试用例
robot --rerunfailed original.xml --output rerun.xml tests    # 把失败的测试用例重新运行一遍
rebot --merge original.xml rerun.xml    # 合并输出，第二次的结果会覆盖第一次的结果，生成一份包含完成测试用例的报告
```

9.1.2 并发执行互斥的测试套件

如果各个测试套件都会修改并使用同一个变量或调用同一个模块，用上面的并发执行方式就会互相影响，导致运行时遇到不可预知的问题。为了解决这个问题，Robot Framework 借鉴编程语言中的锁机制，让各个测试套件进入关键区域前争抢锁，只有抢到锁的测试套件才能进入关键区域进行操作，并在退出关键区域的时候将锁释放。实现这一功能的是一个叫 Pabot 的工具。

这个工具默认没有安装，我们先用 pip 安装它。

```
pip install -U robotframework-pabot
```

使用方法如下。

```
pabot [options] <path_to_testsuites>
```

[options]参数列表除支持 robot 命令行的所有参数外，还额外增加了下面几个参数。

- --verbose：并发执行时输出更详细的信息。

- --command [Robot Framework 执行的脚本] --end-command：启动 Robot Framework 执行的脚本，默认使用 pybot。

- --processes [NUMBER]：并发执行的进程个数。

- --pabotlib：启动 PabotLib 服务器。可以一次指定多个服务器运行 Robot Framework 测试套件以实现分布式处理。

- --pabotlibhost [HOSTNAME]：服务器地址，默认为 127.0.0.1。

- --pabotlibport [PORT]：服务器端口，默认为 8270。

- --resourcefile [FILEPATH]：存放共享变量的变量文件。

- --argumentfile[INTEGER] [FILEPATH]：参数文件，可以将 pabot 的 options 参数放在一个文件里。
- --suitesfrom[FILEPATH TO OUTPUTXML]：可选参数。指定一个 Robot Framework 测试用例的 output.xml 文件，失败的测试用例会先启动和执行。运行时间比较长的测试用例会比运行时间短的测试用例先运行。

下面是一些例子。

```
pabot <directory_to_tests>
pabot --exclude FOO <directory_to_tests>
pabot --command java -jar robotframework.jar --end-command --include SMOKE <directory_to_tests>
pabot --processes 10 <directory_to_tests>
pabot --processes 10 --outputdir <directory_to_log> <directory_to_tests>
pabot --pabotlib --pabotlibhost 192.168.1.111 --pabotlibport 8272 --processes 10 <directory_to_tests>
```

PabotLib 的关键字使用文档用下面的命令生成。

```
python -m robot.libdoc  pabot.PabotLib  pabotlib.html
```

PabotLib 中只有图 9-1 所示的这些关键字可以用于测试用例。

> Acquire Lock · Acquire Value Set · Get Parallel Value For Key · Get Value From Set · Release Lock · Release Locks · Release Value Set · Run Only Once · Set Parallel Value For Key

图 9-1　PabotLib 中可用于测试用例的关键字

1. Acquire Lock 和 Relense Lock

下面用一些示例来解释怎么用 Acquire Lock 和 Release Lock 关键字。创建一个文件名为 test_parallel_suite_1.robot 的测试套件，内容如下。

```
*** Settings ***
Library             pabot.PabotLib         #导入 PabotLib
Resource            ${CURDIR}/parallel_resource.robot       #公共关键字放到单独的资源文件里

*** Test Cases ***
Test Case 1
    Acquire Lock Keyword
```

测试的步骤很简单，就调用一个用户自定义关键字。关键字放在资源文件 parallel_resource.robot 里，资源文件的内容如下。

```
*** Settings ***
Library             OperatingSystem
```

```robotframework
*** Variables ***
${conf_file}        ${CURDIR}/conf.txt

*** Keywords ***
Write Conf File
    Create File     ${conf_file}        item=${TEST NAME}

Read Conf File
    Log File    ${conf_file}

Acquire Lock Keyword
    ${random_int}   Evaluate    random.randint(1,5)     random
    Acquire Lock    MyLock      #争抢 MyLock
    Log    这是关键区域，需互斥访问
    Write Conf File
    sleep   ${random_int}
    Read Conf File
    Release Lock    MyLock      #使用完毕，释放锁
    sleep   ${random_int}
    Read Conf File
```

Acquire Lock Keyword 关键字里先争抢一个名字叫 MyLock 的锁，抢到后进入关键区域修改配置文件，随机等待几秒后，将结果读取出来，完成后将该锁释放并退出关键区域。在关键区域之外随机休息几秒后，再次读取此配置文件的内容。简单起见，配置文件只有一行 "item=测试用例的名字"。修改文件的关键字 Write Conf File 每次将当前正在运行的测试用例名字写入文件。读取文件的关键字 Read Conf File 直接输出文件内容。

这样的测试套件一共创建了 5 个，测试用例命名为"Test Case 1"到"Test Case 5"。除了测试用例名字不一样之外，其他内容完全一致，如第二个测试套件 test_parallel_suite_2.robot 的内容如下。

```robotframework
*** Settings ***
Library         pabot.PabotLib     #导入 PabotLib。
Resource        ${CURDIR}/parallel_resource.robot   #公共关键字放到单独的资源文件里。

*** Test Cases ***
Test Case 2
    Acquire Lock Keyword
```

5 个测试套件的结构如图 9-2 所示。

这 5 个测试套件并发执行时会同时修改配置文件 conf.txt。由于文件是关键的资源，因此两个测试用例同一时间写同一个文件会导致出错。于是，在开始修改文件之前，用关键字

Acquire Lock 去争抢锁，得到锁后，才可以进入关键区域独占式修改文件，文件处理完成后，调用关键字 Release Lock 释放锁，从而退出关键区域。没有抢到锁的测试用例必须等待下一次抢到锁后，才能进入关键区域修改文件。

运行这些测试套件的命令如下。

```
pabot --pabotlib --processes 5 parallel_test/Acquire_Lock
```

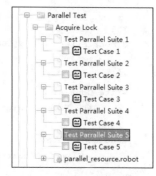

图 9-2 5 个测试套件的结构

上面的命令会在本机的默认端口 8270 启动 PabotLib 服务器，并同时启动 5 个线程来运行 Acquire_Lock 目录下的测试套件。示例如下。

```
D:\parallel_test\Acquire_Lock>pabot --pabotlib --processes 5 -d D:\robot_test_case\log ./
2019-02-27 20:27:59.068000 [PID:4696] [0] EXECUTING Acquire Lock.Test Parallel Suite 1
2019-02-27 20:27:59.068000 [PID:4352] [2] EXECUTING Acquire Lock.Test Parallel Suite 3
2019-02-27 20:27:59.068000 [PID:6296] [1] EXECUTING Acquire Lock.Test Parallel Suite 2
2019-02-27 20:27:59.069000 [PID:7860] [3] EXECUTING Acquire Lock.Test Parallel Suite 4
2019-02-27 20:27:59.069000 [PID:6712] [4] EXECUTING Acquire Lock.Test Parallel Suite 5
Robot Framework remote server at 127.0.0.1:8270 started.
2019-02-27 20:28:10.109000 [PID:4696] [0] PASSED Acquire Lock.Test Parallel Suite 1 in 10.8 seconds
2019-02-27 20:28:11.026000 [PID:7860] [3] PASSED Acquire Lock.Test Parallel Suite 4 in 11.6 seconds
2019-02-27 20:28:14.077000 [PID:4352] [2] still running Acquire Lock.Test Parallel Suite 3 after 15.0 seconds (next ping in 20.0 seconds)
2019-02-27 20:28:14.077000 [PID:6712] [4] PASSED Acquire Lock.Test Parallel Suite 5 in 14.6 seconds
2019-02-27 20:28:14.584000 [PID:6296] [1] still running Acquire Lock.Test Parallel Suite 2 after 15.0 seconds (next ping in 20.0 seconds)
2019-02-27 20:28:16.119000 [PID:6296] [1] PASSED Acquire Lock.Test Parallel Suite 2 in 16.5 seconds
2019-02-27 20:28:21.181000 [PID:4352] [2] PASSED Acquire Lock.Test Parallel Suite 3 in 22.1 seconds
Output:  D:\robot_test_case\log\output.xml
Log:     D:\robot_test_case\log\log.html
Report:  D:\robot_test_case\log\report.html
Stopping PabotLib process
Robot Framework remote server at 127.0.0.1:8270 stopped.
PabotLib process stopped
Elapsed time: 0 minutes 22.560 seconds
```

5 个测试套件在同一时刻 20:27:59.06 开始执行，但是因为争抢资源，它们只能排队进入关键区域执行，所以每个测试套件执行完成的时间不一样。第一个测试套件的完成时间是 2019-02-27 20:28:10.10900，最后一个测试套件的完成时间是 2019-02-27 20:28:21.18100。从图 9-3 中的日志可以看出，关键区域内文件内容和测试用例名字保持一致，但在关键区域外，就有可能读取到脏数据。

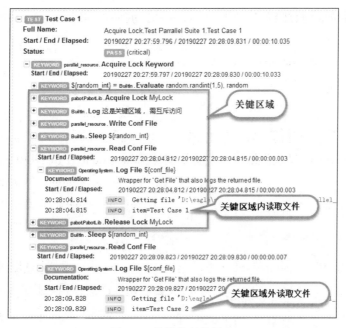

图 9-3 并发执行的日志

2．Acquire Value Set 和 Release Value Set

除了 Acquire Lock 和 Release Lock 之外，还可以用 Acquire Value Set 和 Release Value Set 关键字来实现对一组变量的互斥访问。Acquire Value Set 可以用来在 pabot 命令行中通过 "--resourcefile [FILEPATH]" 指定的变量文件加锁实现互斥访问。

像前面一样，我们还创建 5 个测试套件来演示 Value Set 的 Lock/Release 操作。5 个测试套件的结构如图 9-4 所示。

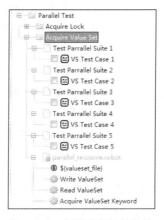

图 9-4 5 个测试套件的结构

9.1 并发执行　　185

5个测试套件里的内容除了测试用例名字不同，其他都相同，内容如下。

```
*** Settings ***
Resource          ${CURDIR}/parallel_resource.robot    #公共关键字放到单独的资源文件里

*** Test Cases ***
VS Test Case 1
    Acquire ValueSet Keyword
```

在 Acquire Value Set 目录下创建一个变量文件 valueset.dat，并在其内放一组变量。

```
[Server]
HOST=hostname
USERNAME=robot
PASSWORD=robotFramework
```

在资源文件 parallel_resource.robot 里创建 Read ValueSet 关键字来读取这组数据。各个测试套件公共的关键字 Acquire ValueSet Keyword 也放在资源文件里，其内容如下。

```
*** Settings ***
Library          pabot.PabotLib         #导入 PabotLib
Library          OperatingSystem

*** Variables ***
${valueset_file}    ${CURDIR}/valueset.dat

*** Keywords ***
Read ValueSet
    ${host}       Get Value From Set    HOST
    ${username}   Get Value From Set    USERNAME
    ${password}   Get Value From Set    PASSWORD
    Log     host=${host};username=${username};password=${password}

Acquire ValueSet Keyword
    Log      所有测试用例现在能使用这个${valueset_file}
    Log File    ${valueset_file}
    ${valuesetname}    Acquire Value Set    #争抢对共享变量文件的访问
    Log      只有${TEST NAME}现在能使用这个 valueset.dat
    sleep    2
    Read ValueSet
    Release Value Set      #使用完毕，释放变量文件锁
```

在 Acquire ValueSet Keyword 里，第一行读取 valueset.dat 文件的内容，这个时候由于没有对资源上锁，因此所有测试套件可以同时读取。关键区域位于 Acquire Value Set 和 Release

Value Set 之间。这部分关键区域才是各个测试套件之间互斥访问的。使用 Acquire Value Set 锁定数据后，可以用 Get Value From Set | key 来取得锁定数据的值。

pabot 命令行里需要加上变量文件。

```
pabot --pabotlib --processes 5 --resourcefile valueset.dat parallel_test/
```

运行时控制台的输出如下。

```
D:\parallel_test\Acquire_Value_Set>pabot --pabotlib --resourcefile valueset.dat --processes
5 -d D:\robot_test_case\log ./
2019-02-27 21:03:16.195000 [PID:4136] [1] EXECUTING Acquire Value Set.Test Parallel Suite 2
2019-02-27 21:03:16.195000 [PID:2772] [3] EXECUTING Acquire Value Set.Test Parallel Suite 4
2019-02-27 21:03:16.195000 [PID:3984] [0] EXECUTING Acquire Value Set.Test Parallel Suite 1
2019-02-27 21:03:16.195000 [PID:8612] [4] EXECUTING Acquire Value Set.Test Parallel Suite 5
2019-02-27 21:03:16.195000 [PID:5868] [2] EXECUTING Acquire Value Set.Test Parallel Suite 3
Robot Framework remote server at 127.0.0.1:8270 started.
2019-02-27 21:03:19.419000 [PID:5868] [2] PASSED Acquire Value Set.Test Parallel Suite
3 in 3.2 seconds
2019-02-27 21:03:21.512000 [PID:8612] [4] PASSED Acquire Value Set.Test Parallel Suite
5 in 5.3 seconds
2019-02-27 21:03:23.608000 [PID:3984] [0] PASSED Acquire Value Set.Test Parallel Suite
1 in 7.4 seconds
2019-02-27 21:03:25.740000 [PID:4136] [1] PASSED Acquire Value Set.Test Parallel Suite
2 in 9.2 seconds
2019-02-27 21:03:27.807000 [PID:2772] [3] PASSED Acquire Value Set.Test Parallel Suite
4 in 11.2 seconds
Output:  D:\robot_test_case\log\output.xml
Log:     D:\robot_test_case\log\log.html
Report:  D:\robot_test_case\log\report.html
Stopping PabotLib process
Robot Framework remote server at 127.0.0.1:8270 stopped.
PabotLib process stopped
Elapsed time: 0 minutes 11.996 seconds
```

从控制台就能看出，所有测试套件在 2019-02-27 21:03:16.195 开始运行，但是每个测试套件完成的时间不一样，大约每隔 2s 完成一个测试套件。这已经能说明各个测试套件在等待进入关键区域。

从图 9-5 所示的日志能清晰地看出各个测试用例准备开始进入关键区域的时间都是 20190227 21:03:16.963，但是第一个测试套件先抢到了锁，从而顺利进入关键区域，第二个测试套件直到第一个测试套件在 20190227 21:03:23.435 退出关键区域后，第二个测试套件才抢到锁，进入它自己的关键区域并读取数据。

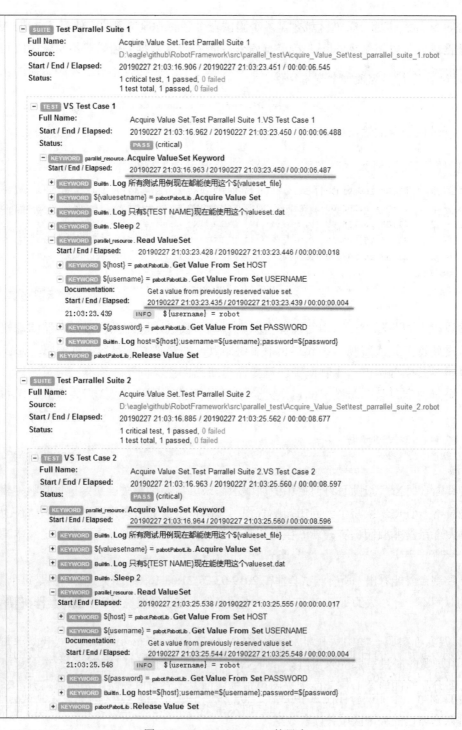

图 9-5 Acquire Value Set 的日志

第 9 章 Robot Framework 的高级功能

9.2　Evaluate

这里讲解一下 BuiltIn 库里的关键字 Evaluate，因为这个关键字和 Robot Framework 的其他关键字有点不同。其他关键字一般用于实现某一个特别的功能，而 Evaluate 几乎是万能的，可以做一些千奇百怪的事情。官网上关于 Evaluate 关键字的说明文档如图 9-6 所示。

| Evaluate | expression, modules=None, namespace=None | Evaluates the given expression in Python and returns the result.
`expression` is evaluated in Python as explained in the _Evaluating expressions_ section.
`modules` argument can be used to specify a comma separated list of Python modules to be imported and added to the evaluation namespace.
`namespace` argument can be used to pass a custom evaluation namespace as a dictionary. Possible `modules` are added to this namespace.
Starting from Robot Framework 3.2, modules used in the expression are imported automatically. `modules` argument is still needed with nested modules like `rootmod.submod` that are implemented so that the root module does not automatically import sub modules. This is illustrated by the `selenium.webdriver` example below.
Variables used like `${variable}` are replaced in the expression before evaluation. Variables are also available in the evaluation namespace and can be accessed using the special `$variable` syntax as explained in the _Evaluating expressions_ section.
Examples (expecting `${result}` is number 3.14):

\| ${status} = \| Evaluate \| 0 < ${result} < 10 \| # Would also work with string '3.14' \|
\| ${status} = \| Evaluate \| 0 < $result < 10 \| # Using variable itself, not string representation \|
\| ${random} = \| Evaluate \| random.randint(0, sys.maxsize) \| \|
\| ${options} = \| Evaluate \| selenium.webdriver.ChromeOptions() \| modules=selenium.webdriver \|
\| ${ns} = \| Create Dictionary \| x=${4} \| y=${2} \|
\| ${result} = \| Evaluate \| x*10 + y \| namespace=${ns} \|

=>
${status} = True
${random} = <random integer>
${options} = ChromeOptions instance
${result} = 42

NOTE: Prior to Robot Framework 3.2 using `modules=rootmod.submod` was not enough to make the root module itself available in the evaluation namespace. It needed to be taken into use explicitly like `modules=rootmod,rootmod.submod`. |

图 9-6　官网上关于 Evaluate 关键字的说明文档

简而言之，关键字 Evaluate 可以执行按 Python 语法写的表达式。换句话说，它就是一个迷你型的 Python 解释器。不管简单的还是复杂的表达式，只要符合 Python 语法，都可以传给 Evaluate，它会像 Python 一样解释、执行表达式并返回执行结果。这就像是开了一扇通往世界的窗户，用户可以在 Robot Framework 里充分利用 Python，写出神奇的表达式。另外，不用为此单独创建一个 Python 文件，直接嵌入 Robot Framework 测试用例即可。

像 Evaluate 说明文档中的 random.randint(0, sys.maxint) 一样，可以取得一个随机数，这些已经在前面的示例中使用过多次了。另外，也可以传入一个简单的 Python 运算表达式，如 x*10 + y。

举一个复杂点的例子。

```
${list} = Create List ${0} ${3} ${5} ${9} ${7} ${8}
${result} = Evaluate list(filter(lambda x: x % 3 == 0,${list}))

${result} = [0, 3, 9]
```

上面是一个调用 Python 内嵌函数 lambda 的示例,作用是找出数组中能被 3 整除的数字,并放入一个 list 数组中。

9.3 自定义扩展测试库

Robot Framework 自带的测试库和丰富的第三方扩展库极大地简化了测试用例的编写,Evaluate 关键字还能完成一些简单的 Python 表达式。掌握这些已经足以成为一名优秀的 Robot Framework 测试工程师,但是要想完美地处理纷繁复杂的测试场景,我们还要从优秀提升到卓越的测试工程师——能写自定义扩展测试库的工程师。任何关键字都不能完美地满足所有的测试需求。我们还是不得不自己开发特有的测试库来满足特定的需求,我们可以把它们包装成 Robot Framework 的关键字,并集成到 Robot Framework 框架中,就像各种第三方库一样方便地使用自定义扩展测试库。

9.3.1 创建自定义扩展测试库

下面用一个简单示例介绍如何用 Python 来创建自定义扩展测试库。

(1)在 Robot Framework 的默认搜索目录<python>\Lib\site-packages 下新建一个目录,目录名就是库名,如 myExtLibrary。

(2)在 myExtLibrary 目录下创建一个 Python 文件,如 myhello.py,其内容如下。

```python
#编码为utf-8
import sys
if sys.getdefaultencoding() != 'utf-8':
    reload(sys)
    sys.setdefaultencoding('utf-8')

def getHelloMsg( input ):
    """
    简单的hello world示例。
    Return "你好<input>"。
    Example:
    | ${ret} | Get Hello Msg | <input> |
    """
    return "你好 " + input
```

(3)在 myExtLibrary 目录下创建一个 Python 文件,文件名为__init__.py。这个文件负责将所在的目录名转化为可以直接使用的库名，该文件是 Python 程序和 Robot Framework 之间的桥梁，用于给 Robot Framework 提供 Python 程序里的方法。文件名必须为__init__.py，其内容如下。

```python
from myhello import *
```

至此，自定义的扩展测试库已经完成。在 Robot Framework 中用 Library | myExtLibrary 导入库即可使用。

Robot Framework 中使用用户自定义扩展测试库的测试用例如下。

```
*** Settings ***
Library          myExtLibrary

*** Test Cases ***
hello
    ${ret}    Get Hello Msg    robot
    Log    ${ret}
```

在 Python 中定义了一个简单的函数 getHelloMsg，在 Robot Framework 中会忽略空格、下划线和大小写，所以 Get Hello Msg、getHelloMsg、Get_Hello_Msg、get_hello_msg 等形式都是指调用 getHelloMsg 函数。

以下示例中编写了是简单的面向函数的程序，如果要编写面向对象的程序，又该怎么和 Robot Framework 集成呢？我们按上面的步骤创建一个新的扩展测试库 myExtClassLibrary。

（1）在<python>\Lib\site-packages 下创建一个目录 myExtClassLibrary。

（2）在 myExtClassLibrary 目录下创建一个 Python 文件 myhello2.py，其内容如下。

```python
#编码为utf-8
import sys
if sys.getdefaultencoding() != 'utf-8':
    reload(sys)
    sys.setdefaultencoding('utf-8')

class myExtClassLibrary(object):

    def __init__(self, language="english"):
        """
        构造函数，初始化参数，在 Robot Framework 中导入的时候可以传入这些参数。
        """
        self.language=language
        pass

    def getHelloMsgClass(self, input):
        """
```

```
        简单的 hello world 示例，把 getHelloMsg 改为 getHelloMsgClass 以示区别。
        Return "你好<input>"
        Example:
        | ${ret} | Get Hello Msg Class | <input> |
        """

        ret="NULL"
        if cmp(self.language.decode('utf-8'), '中文') == 0:
            ret= "你好 " + input
        elif cmp(self.language.decode('utf-8'), 'english') == 0:
            ret= "Hello " + input
        return ret
```

（3）在 myExtClassLibrary 目录下创建 __init__.py 文件，内容如下。

```
from myHello2 import myExtClassLibrary
```

（4）在 Robot Framework 中使用 Library | myExtClassLibrary 导入库。

```
*** Settings ***
Library            myExtClassLibrary      中文

*** Test Cases ***
hello_class
    ${ret}    get Hello Msg Class    robot
    Log    ${ret}
```

看出区别没有？好像没什么不一样。细心的读者也许会发现多了一个 __init__ 构造函数。这个构造函数使得导入扩展库的时候可以传入初始化参数以改变库的一些行为。此例中，如果 Import myExtClassLibrary 后不加参数，那么 Robot Framework 测试用例的运行结果如下。

```
Hello Robot
```

如果 Import myExtClassLibrary 后多加一个参数"中文"，即

```
Library    myExtClassLibrary    中文
```

那么 Robot Framework 测试用例的运行结果如下。

```
您好, robot
```

9.3.2 在 Robot Framework 中导入自定义扩展测试库

上一节中，我们直接用"Library 测试库名"导入自定义的库函数，因为我们将自定义扩展测试库放在<python>\Lib\site-packages 下。这个路径包含在 PYTHONPATH 里，Robot Framework 在运行时会从所有的 PYTHONPATH 里寻找测试库。实际使用中自定义扩展测试库和项目一般

有关系，所以最好和项目的测试代码放在一起以方便管理。这种情况下，如果我们直接用"Library 测试库名"会提示找不到指定的测试库。但是我们可以通过别的方法解决这个问题。一般使用下面两种方法导入测试库。

- 在运行 robot 命令行时，添加一个路径，告诉它除了默认的 PYTHONPATH 之外，还可以从哪里找额外的测试库。--pythonpath(-P)参数就是专门用来添加额外的查找路径的。

```
robot -P <path_to_project>\extentLib <test case path>
```

- 在测试套件中引用扩展测试库的时候指定路径。例如，如果把 myExtLibrary 目录移到测试用例所在的同一个目录，则引用方式如下。

```
*** Settings ***
Library             ${CURDIR}${/}myExtLibrary
```

9.3.3 测试库的作用域

测试库的作用域有 3 种——TEST CASE、TEST SUITE 和 GLOBAL。对于使用 Python 模块（基于函数的 Python 程序）创建的库函数，默认作用范围为 GLOBAL；对于面向对象的 Python 类，默认作用域为 TEST CASE。可以用 ROBOT_LIBRARY_SCOPE 来明确指定作用域。示例如下。

```
class ExampleLibrary:
    ROBOT_LIBRARY_SCOPE = 'TEST SUITE'
    def __init__(self):
        self._counter = 0
    def count(self):
        self._counter += 1
        print(self._counter)
    def clear_counter(self):
        self._counter = 0
    def get_counter(self):
        return self._counter
```

这个测试库里有一个计数用的_counter，我们将库的作用域定义为 TEST SUITE，即在同一个测试套件里，所有测试用例会用同一个_counter 值。大多数时候，我们希望各个测试用例完全独立，不应该彼此依赖或影响，所以作用域使用默认的 TEST CASE 即可。但有时我们希望类似变量的作用域为 GLOBAL，例如，SSHLibrary 里的_connections 就是全局的，这样这个_connections 就是全局唯一的变量，指代和远程服务器的连接，在测试工程的任意一个测试用例中都可以直接使用这个变量来取得与远程服务器的连接。

9.3.4　测试库的版本

测试库一旦写好，就不应该轻易改动，否则可能会在使用者那里造成不匹配的情况。如果要改动，发布一个新的版本，Robot Framework 测试库用关键字 ROBOT_LIBRARY_VERSION 定义版本号。示例如下。

```python
class ExampleLibrary(object):
    ROBOT_LIBRARY_VERSION = '3.2.1'
```

9.3.5　关键字的参数

Python 的数据类型有 Scalar、List 和 Dictionary，同样在 Robot Framework 里调用关键字时传递的参数也有可能是这些类型。对于自定义扩展测试库，如何在关键字里定义传递的参数类型呢？通过下面这个例子你应该就明白了。假如我们定义了一个关键字 Various Args。

```python
def various_args(arg, *varArgs, **kwArgs):
    print('arg:', arg)
    for value in varArgs:
        print('vararg:', value)
    for name, value in sorted(kwArgs.items()):
        print('kwarg:', name, value)
```

Robot Framework 里使用 Various Args 的示例如下。

```
*** Test Cases ***
Positional
    Various Args    hello    world    #把第一个参数传递给arg，剩下的传递给*varArgs。输出为'arg:hello'
    #和'varArg:world'

Named
    Various Args    arg=value           #带名字的参数传递，输出为'arg: value'

Kwargs
    Various Args    a=1    b=2    c=3  #把Dictionary形式的参数传递给**kwArgs。输出为'kwArgs:
    #a 1''kwArgs: b 2''kwArgs: c 3'
    Various Args    c=3    a=1    b=2 #同上，库里会进行排序

Positional and kwArg
    Various Args    1    2    kw=3 #把第一个参数传递给arg，除了Dictionary形式的参数之外，把剩下的
    #参数传递给*varArgs，输出为'arg: 1' 'varArg: 2' 和 'kwArgs: kw=3'

Named and kwArg
    Various Args    arg=value       hello=world #带名字的参数传递。输出为'arg: value'和'kwArgs:
```

```
#hello=world'
Various Args    hello=world    arg=value  #同上，带名字的参数传递和输入顺序无关
```

9.3.6 测试库的文档

Python 的文档以 3 个双引号开始，以 3 个双引号结束。虽然 Robot Framework 支持多种不同的文档格式，如 ROBOT、HTML、TEXT、reST，但是默认的 ROBOT 格式就足够使用了。读者可以尝试其他（如 HTML）格式。可以在测试库里用“ROBOT_LIBRARY_DOC_FORMAT = 'HTML'”指定格式。图 9-7 所示为用 robot.libdoc 导出的 ROBOT 格式的 myExtClassLibrary 文档。

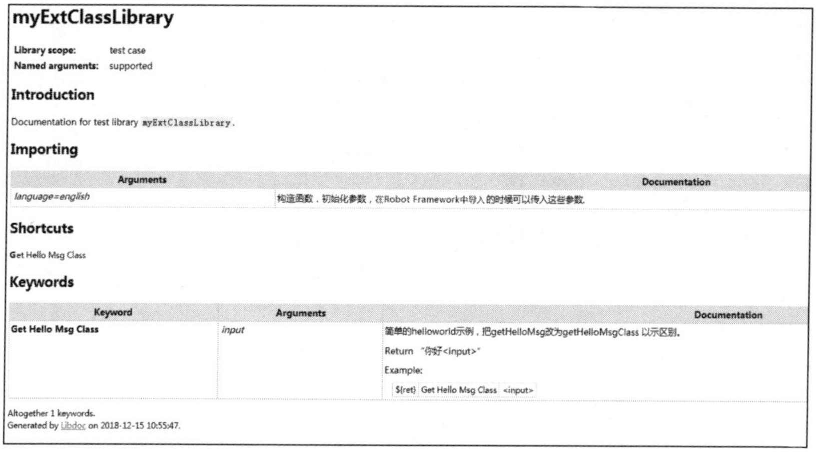

myExtClassLibrary

Library scope: test case
Named arguments: supported

Introduction

Documentation for test library `myExtClassLibrary`.

Importing

Arguments	Documentation
language=english	构造函数，初始化参数，在Robot Framework中导入的时候可以传入这些参数.

Shortcuts

Get Hello Msg Class

Keywords

Keyword	Arguments	Documentation
Get Hello Msg Class	*input*	简单的helloworld示例，把getHelloMsg改为getHelloMsgClass 以示区别。 Return “你好<input>” Example: ${ret} Get Hello Msg Class <input>

Altogether 1 keywords.
Generated by Libdoc on 2018-12-15 10:55:47.

图 9-7　用 robot.libdoc 导出的 ROBOT 格式的 myExtClassLibrary 文档

9.3.7 测试库的日志

一个好的测试库一定要有规范的日志记录，这样出错时有助于方便地定位和发现问题。日志的级别有 TRACE、DEBUG、INFO、WARN、ERROR、HTML。要输出日志，第一种方法是用 Print 方法，这种方式最简单。例如，在 Python 中，有以下语句。

```
print('Hello from a library.')
print('*WARN* Warning from a library.')
print('*ERROR* Something unexpected happen that may indicate a problem in the test.')
print('*INFO* Hello again!')
print('This will be part of the previous message.')
print('*INFO* This is a new message.')
print('*INFO* This is <b>normal text</b>.')
print('*HTML* This is <b>bold</b>.')
print('*HTML* <a href="http://robotframework.org">Robot Framework</a>')
```

在 Robot Framework 中运行时会输出如下日志。

```
16:18:42.123 INFO Hello from a library.
16:18:42.123 WARN Warning from a library.
16:18:42.123 ERROR Something unexpected happen that may indicate a problem in the test.
16:18:42.123 INFO Hello again!This will be part of the previous message.
16:18:42.123 INFO This is a new message.
16:18:42.123 INFO This is <b>normal text</b>.
16:18:42.123 INFO This is **bold**.
16:18:42.123 INFO Robot Framework
```

第二种方法是用 Robot Framework 提供的 Log API，在 Pyhon 里导入 logger 即可。示例如下。

```
from robot.api import logger
def my_keyword(arg):
    logger.debug('Got argument %s' % arg)
    do_something()
    logger.info('<i>This</i> is a boring example', html=True)
    logger.console('Hello, console!')
```

第三种方法是使用 Python 自己的 Logging 类。示例如下。

```
import logging
def my_keyword(arg):
    logging.debug('Got argument %s' % arg)
    do_something()
    logging.info('This is a boring example')
```

9.4 小结

本章介绍了 Robot Framework 的一些高级功能，包括如何启动多个 Robot Framework 测试用实例以运行相互独立的测试套件，如何用 PabotLib 实现关键区域互斥访问，并使用 pabot 同时启动多个互斥的测试用例。关键字 Evaluate 可以实现一个微型的 Python 解释器，从而使 Robot Framework 能内嵌一些简单的 Python 表达式。本章最后讲解了如何创建自定义扩展测试库，利用 Python 或 Java 可以创建专属的测试库来满足各种需求，学会创建自己的测试库，才能充分利用 Robot Framework 的特性，成为一名卓越的测试工程师。

第 10 章
如何写一个好的 Robot Framework 测试用例

在实现 Robot Framework 测试用例的过程中，一个测试人员编写的测试用例一般需要另一个测试人员检查，时不时地会有人抱怨："这都写的是什么东西啊？简直没法看下去！"过一段时间，如果你再次阅读自己原来写的测试用例，可能也会有这样的感觉。

为什么会出现这种情况呢？这与我们的编写测试用例的规范和习惯有关。各个测试人员有自己的编写习惯，有人喜欢分层次设计测试用例，用关键字包装复杂的逻辑；有人喜欢用尽量少的文件和关键字，把所有东西全放在测试用例里；有人喜欢写注释；有人不喜欢写注释。如果没有一个统一的规范，对于他人来说，写出来的测试用例就会有凌乱不堪的感觉。作者根据多年的经验总结出了一些规则，虽然算不上是金玉良言，但求能让别人阅读测试用例的时候不会感觉到凌乱。

10.1 推荐的 8 条规则

关于如何写出好的 Robot Framework 测试用例，推荐以下 8 条规则。

规则 1：为一个功能模块创建一个子目录，一个目录下最好不要放太多测试套件，一般 10～15 个比较合适。同时每个测试套件文件里的测试用例不要太多，15 个以内比较合适。

规则 2：各个测试套件之间尽量相互独立，不要有依赖。测试套件应该可以按任意顺序执行。

规则 3：如果有测试数据，将它们放置在一个单独的目录（如 Data）里。同理，将用户扩展库放在 Lib 目录里，将可执行文件放在 Bin 目录里等。总之，测试数据不要和 Robot Framework 的测试套件文件放在一起。

规则 4：测试套件文件、资源文件、变量文件通过文件名就能分辨。例如，对所有测试套件文件添加"testsuite"后缀，对资源文件添加"resource"后缀，对变量文件添加"variable"后缀。文件名要简明扼要，并且不要包含空格，可以用下划线来分隔各个单词。

规则 5：测试用例要有层次，测试用例里尽量用自然语言书写比较高层次的测试步骤，复杂的步骤用关键字包装。切忌把复杂的逻辑直接写在测试用例中第一层的步骤里。

规则 6：把公共关键字抽象到一个单独的资源文件里，如果公共关键字很多，可以分类放在不同的资源文件里。

规则 7：在每一个测试套件的 Documentation 里写明这个测试套件的背景介绍，如使用场景或用户故事。尽量不要将此类文档说明分散到每一个测试用例的 Documentation 里。因为测试套件的 Documentation 在文件开头，而测试用例的 Documentation 分散在各个文件的不同地方。测试用例的 Documentation 中一般不写东西，一定要写的话，可以写这个测试用例要验证哪个测试点，而不要写如何实现测试用例。

规则 8：对于复杂的逻辑，在后面用"#"注释，或用 comment 关键字另写一行，不要在文档说明部分描述这些逻辑。

10.2 Robot Framework 官方约定

Robot Framework 官方也指出了如何写一个好的 Robot Framework 测试用例的建议，目的是使测试用例易于理解和维护。

10.2.1 命名约定

1. 测试套件的命名约定

测试套件的命名约定如下。

- 测试套件的名字尽量具有自描述性。
- 测试报告里面测试套件的名字将自动从文件名或目录名中获取。
- 不包含文件扩展名。
- 下划线将自动转换为空格。
- 如果测试套件的名称全是小写字母,将自动转换为首字母大写。
- 名字可以取得相对比较长,但是太长了,也不便于系统处理和读者阅读。

例如,login_tests.robot 将自动转换为 Login Tests,IP_v4_and_v6 将自动转换为 IP v4 and v6。

2. 测试用例的命名约定

测试用例的命名约定如下。

- 测试用例的名字和测试套件一样,尽量具有自描述性。
- 如果一个测试套件中包含很多个功能类似的测试用例,名字可以取短一点。

3. 关键字的命名约定

关键字的命名约定如下。

- 关键字的名字应该尽量具有自描述性。
- 应该描述关键字是做什么的,而不是怎么做的。
- 名字要简明扼要,不要太冗长,也不要模棱两可。

例如,Login With Valid Credentials 就是好的关键字名字,Input Valid Username And Valid Password And Click Login Button 就是不好的关键字名字。

10.2.2 文档约定

1. 测试套件的文档

关于测试套件的文档,有以下几条约定。

- 推荐的做法是将整体说明文档书写在测试套件的 Documentation 里。
- 应该描述验证的使用场景、这个测试套件是用来做什么的,而不是执行的环境、步骤、要求之类的。

- 不要简单重复测试套件的文件名。
- 不要包含太多测试用例的细节。测试用例本身应该能描述清楚。

好的测试套件的文档如下。

```
*** Settings ***
Documentation    依据账户余额和账户类型验证取款成功与否
...              详情参见 http://internal.example.com/docs/abs.pdf
```

不好的测试套件文档（尤其是测试套件文件为 account_withdrawal.robot）如下。

```
*** Settings ***
Documentation    测试取款
```

2．测试用例的文档

并于测试用例的文档，有如下几条约定。

- 一般来说，测试用例不需要写文档。当然，也不是绝对不能有文档，有时测试用例的文档还是有用的，如对测试点的说明。
  - 测试用例的名字以及测试套件的文档应该能够提供足够的信息。
  - 测试用例的结构不需要文档，应该足够清晰。
- 给测试用例设置标签通常更加灵活，而且能提供比文档更多的功能。

3．关键字的文档

关于关键字的文档，有如下几条约定。

- 关键字的文档一般描述输入参数和返回值。
- 如果关键字足够简单，可以不写文档。建议使用好的关键字名字、参数命名和清晰的结构。

10.2.3 测试数据的结构

1．测试套件的结构

测试套件的结构有以下特点。

- 一个测试套件内的测试用例应该是彼此相关的。
- 如果每个测试用例有相同的 Setup 和 Teardown，应该放在一个测试套件内。
- 除非是数据驱动方式的测试套件，否则一般一个测试套件内不要有 10 个以上测试用例。
- 测试用例应该互相独立，可以用 Setup 和 Teardown 来设置与恢复环境。
- 有时测试用例之间不得不互相依赖。
    - 这时相互依赖的测试用例个数不要太多。
    - 用${PREV TEST STATUS}判断前一个测试用例是否成功执行。

2．测试用例的结构

测试用例的结构有以下特点。

- 一个测试用例验证一个小功能。
- 用抽象分层的理念编写测试用例，不要在测试用例层次包含细节的东西。

有两种测试用例结构，分别是工作流形式的测试用例与数据驱动形式的测试用例。

工作流形式的测试用例一般分为 4 个部分：

- 在 Setup 里设置前置条件，如环境设置。
- 执行测试用例；
- 验证结果；
- 在 Teardown 里清理环境。

数据驱动形式的测试用例有以下特点。

- 大量的测试用例有相同的测试逻辑。
- 其中一个关键字适用于所有的数据输入。
- 不同的输入就是不同的测试用例。
- 用模板实现数据驱动的测试用例。

附录 A
常用命令

A.1 安装、卸载与查看 Python 包的命令

安装 Python 包的命令如下。

```
# 安装最新版本的某个 Python 包
pip install <pkg_name>
# 将现有的包升级到最新版本
pip install --upgrade <pkg_name>
# 指定安装某一个版本
pip install <pkg_name>==2.9.2
# 安装下载的包（不需要网络连接）
pip install <path_to_download>\<pkg_name>-*.tar.gz
# 安装 GitHub 上某个可能没发布的包
pip install https://github.com/robotframework/robotframework/archive/master.zip
```

卸载指定包的命令如下。

```
# 卸载指定的包
pip uninstall <pkg_name>
```

要查看用 pip 安装的包列表，可以使用以下命令。

```
# 查看用 pip 安装的包列表
pip list
```

A.2 用于执行测试用例的 robot 命令行

robot 命令行的用法如下。

`robot [options]` 测试数据源

[options]参数列表可以通过 robot --help 看到。下面介绍常用的参数。

1．loglevel 或-L 参数

Log 文件里生成的信息可以很详细，也可以比较简单，或不生成 Log 文件。用-L 或--loglevel 来指定 Log 级别，可用的级别由详细到简单依次为 TRACE、DEBUG、INFO、WARN、NONE，默认使用 INFO 级别。

例如：

```
--loglevel DEBUG
-L TRACE
```

2．Tag 参数

Tag 参数用--include 或-i 表示选中，用--exclude 或-e 表示排除。Tag 名字还支持"*""？"通配符以及 "AND" "&" "OR" "NOT" 等逻辑符号。下面是一些示例。

```
--inlcude night*           #具有以 night 开头的标签的测试用例
--include fooANDbar        #同时包含 foo 和 bar 两个标签的测试用例
--exclude xx&yy&zz         #排除具有 xx、yy 和 zz 标签的测试用例
--include fooORbar         #包含 foo 或 bar 标签的测试用例
--include fooNOTbar        #包含 foo 但没有 bar 标签的测试用例
--include NOTfooANDbar     #没有 foo 和 bar 标签的测试用例
--include xxNOTyyORzz      #有 xx 标签但是没有 yy 或没有 zz 标签的测试用例
--include xxNOTyyANDzz     #有 xx 标签但是没有 yy 和没有 zz 标签的测试用例
```

3．--critical 和--noncritical 参数

--critical 和--noncritical 这两个参数后面跟的都是标签。对即使失败也不影响软件功能的测试用例，可以设置一个标签，然后用--noncritical 标识。示例如下。

```
robot --critical smoke --critical regression patch/to/my/tests/ #如果任何一个带 smoke 或 regression
#标签的测试用例失败，就将整个测试结果标记成失败
robot --noncritical nomatter patch/to/my/tests/      #如果任何带 nomatter 标签的测试用例失败，不
#影响整个测试结果
```

4．表示输出目录的参数

输出目录用参数--outputdir(-d)指定。默认 Robot Framework 的 XML、Log、Report 文件

都保存在这个参数指定的目录下。也可以用以下参数。

- --output(-o)：指定 XML 文件的输出目录，如果设置为 NONE，表示不输出 XML 文件。
- --log(-l)：指定 Log 文件的输出路径和文件名。如果设置为 NONE，表示不输出 Log 文件。
- --report(-r)：指定 Report 文件的输出路径和文件名。如果设置为 NONE，表示不输出 Report 文件。

A.3 生成测试库帮助文档的命令

要生成测试库的帮助文档，可以使用以下命令。

```
python -m robot.libdoc  <lib>  <html 帮助文档名>
```

例如：

```
python -m robot.libdoc SSHLibrary SSHLibrary.html
```

其中<lib>就是用导入时使用的库名。一般这个文档在官方网站上可以找到，但用此命令生成一份帮助更加方便。

A.4 生成测试用例文档的命令

```
python -m robot.testdoc [options] data_sources output_file
```

robot.testdoc 用于将测试数据生成一份有层次的 HTML 格式的文档以方便阅读和分享。在这个 HTML 文件里，包含一些概览性质的测试信息。在测试套件级别包含测试套件的名字、文档、测试用例数量及其名字。对于测试用例来说，除测试用例的名字、文档、标签外，这份文档还列出了测试用例第一层的步骤。如果能在测试用例的第一层里把全部测试信息用关键字包装起来，并且关键字用自然语言的方式命名，就能生成一份比较易读的测试文档。

A.5 以调试模式启动 Chrome 浏览器

要以调试模式启动 Chrome 浏览器，可以使用以下命令。

```
<path_to_chrome>\chrome.exe --remote-debugging-port=8083 --user-data-dir=<path_to_store_config>
```

若系统无法使用 Selenium 打开的浏览器，可以让 Selenium 通过连接 Chrome 浏览器的调试端口来操作已经手动打开的浏览器运行测试用例。